ÉCHINIDES

FOSSILES DE L'ALGÉRIE

DESCRIPTION

DES ESPÈCES DÉJA RECUEILLIES DANS CE PAYS
ET CONSIDÉRATIONS SUR LEUR POSITION
STRATIGRAPHIQUE

PAR

MM. COTTEAU, PERON & GAUTHIER

───

SEPTIÈME FASCICULE

───

ÉTAGE SÉNONIEN

PREMIÈRE PARTIE

AVEC HUIT PLANCHES

PARIS

G. MASSON, ÉDITEUR

LIBRAIRE DE L'ACADÉMIE DE MÉDECINE

Boulevard Saint-Germain, derrière l'École de Médecine.

──

1881

ÉCHINIDES FOSSILES DE L'ALGÉRIE

DESCRIPTION

DES ESPÈCES DÉJA RECUEILLIES DANS CE PAYS

ET CONSIDÉRATIONS SUR LEUR POSITION STRATIGRAPHIQUE

PAR

MM. COTTEAU, PÉRON et GAUTHIER

SEPTIÈME FASCICULE

—

ÉTAGE SÉNONIEN

Il est peu de contrées où les couches du terrain crétacé supérieur présentent un développement et une richesse paléontologique comparables à ceux qu'elles ont en Algérie. Ces couches affectent d'ailleurs dans ce pays des caractères particuliers et on s'en ferait une idée singulièrement fausse, en se les représentant telles que nous les connaissons en France ou dans le nord de l'Europe. La dissemblance est telle entre ces deux séries sédimentaires, qu'il semble difficile, au premier abord, de les considérer comme contemporaines et parallèles. Cette dissemblance toutefois n'est pas beaucoup plus considérable que celle plusieurs fois déjà signalée par nous, entre certains terrains d'Algérie et les dépôts correspondants du bassin parisien. C'est le cas de rappeler que nous nous trouvons ici en présence d'un ensemble de sédiments déposés dans un bassin bien distinct, où les faunes revêtent ce facies que nous avons appelé précédemment facies méditerranéen (1), dans lequel les calcaires à térébratules trouées, les marnes

---

(1) *Echinides fossiles de l'Algérie.* Fascicule IV, p. 10. — M. Zittel, dans son étude sur la constitution du désert de Libye, a critiqué cette appellation de *facies méditerranéen* et pense qu'il vaudrait mieux employer celle de *facies africano-syrien*. Nous ne pouvons partager cette opinion, parce que, ainsi que nous l'avons exprimé, ce facies n'est pas propre au nord africain, mais qu'il se retrouve en de nombreuses localités, autour de la Méditerranée.

à belemnites plates, les assises à orbitolines et à requienies, les bancs à rudistes, les calcaires à nummulites, etc., forment une série si différente de celle du nord de l'Europe.

Dans l'étage qui va nous occuper actuellement, cette différence paraîtra peut-être plus accentuée encore, par cette raison que jusqu'ici, pour les étages précédents, nous avions trouvé, dans certaines couches du midi de la France, qui revêtent le même facies, des équivalents présentant une similitude incontestable, tandis que pour la craie supérieure il n'en sera plus tout à fait ainsi. On sait, en effet, que dans la Provence et les Pyrénées, une portion importante des couches de la craie supérieure prend le facies fluvio-lacustre. Toute similitude disparait donc entre ces couches et les dépôts contemporains d'Algérie, qui continuent à être d'origine marine. Il ne nous reste plus à comparer à ces derniers que quelques zones du Midi et des Charentes. Quant à la craie supérieure du bassin de Paris, nous ne trouvons pour ainsi dire aucun point de comparaison. Au lieu de ces masses crayeuses blanches que l'on connaît, nous ne rencontrons en Algérie que des calcaires et des marnes presque noires; au lieu de cette succession de *Micraster* et de bélemnitelles qui caractérisent les horizons de la craie parisienne, nous trouvons une succession d'espèces des plus variées d'*Ostrea*, dont les innombrables individus remplissent les couches, concurremment avec de nombreux oursins, principalement des *Hemiaster*, des *Echinobrissus*, et des *Cyphosoma*.

Aussi bien au point de vue pétrologique qu'au point de vue paléontologique, notre étage sénonien d'Algérie présente une grande monotonie. Sur les 400 mètres de sédiments que comporte cet étage, on ne rencontre ni bancs de grès, ni sable, ni dolomie, ni silex, ni craie. C'est une succession continuelle de bancs calcaires alternant avec des marnes de couleur généralement sombre. Tout cet ensemble paraît avoir été formé exactement dans les mêmes conditions sédimentaires, c'est-à-dire dans une mer profonde, vaseuse et peu agitée. Les fossiles se renouvellent en grande partie avec les divers horizons, mais le facies reste sensiblement le même dans toute l'épaisseur de l'étage. Les mêmes genres se perpétuent et bon nombre d'espèces parcourent les

horizons successifs sans modifications appréciables. La faune,
extrêmement riche en individus, est cependant peu variée et relativement pauvre en types spécifiques.

Les polypiers, les spongiaires, les bryozoaires, les brachiopodes,
si abondants dans notre craie blanche, manquent ici presque
complétement; les rudistes sont extrêmement rares et nousmême nous n'en avons jamais rencontré; les céphalopodes enfin
ne présentent que quelques rares espèces, principalement du
genre *Ceratites*.

Au contraire les gastéropodes et les lamellibranches, surtout
ceux de la famille des ostracées, comme les *Plicatula*, *Vulsella*,
Ostrea, etc., foisonnent avec une abondance prodigieuse. Les
échinides enfin qui nous occupent exclusivement dans ce travail
sont aussi abondants que variés, et nous aurons à décrire bien
des formes nouvelles, ou connues seulement en Algérie.

En raison même de cette dissemblance que nous signalons
entre notre craie africaine et celle connue en France, il nous sera
bien difficile d'établir le parallélisme des divers horizons que
nous admettrons avec ceux qui ont été reconnus en France. Nous
ne pourrons guère à ce sujet que signaler des correspondances
possibles et plus ou moins probables.

Toutefois, si nous sommes presque complétement dépourvus
de points de comparaison avec la craie du bassin parisien, il n'en
est pas tout-à-fait de même avec celle des Charentes ou du Midi.
Nous trouverons ici un certain nombre de fossiles analogues et
même identiques et ces quelques documents nous permettront
d'indiquer avec une certaine probabilité la corrélation des niveaux successifs.

Nous nous garderons, toutefois, de laisser supposer que nous
considérons comme résolue cette question si délicate. Nous insistons au contraire sur l'incertitude qui règne encore sur bien
des points, et que de nouvelles études et de nouvelles découvertes
seules pourront dissiper.

L'étage sénonien d'Alcide d'Orbigny a été, comme on le sait,
divisé en un certain nombre d'horizons distincts par les divers
géologues qui ont étudié la craie supérieure. M. Coquand, no-

tamment, a formé dans le sud-ouest, avec cet ensemble de couches, trois étages qu'il a appelés étages santonien, campanien et dordonien, du nom des contrées où ils sont le plus développés. Le savant géologue, qui a étudié l'Algérie avec tant de profit pour la science, a reconnu que cette classification pouvait être avantageusement appliquée dans ce pays lointain. Nous-même nous avons observé qu'il était toujours facile de diviser en trois étages assez nettement distincts la masse de la craie supérieure d'Algérie.

En conséquence, pour simplifier nos travaux et pour faciliter les comparaisons, nous avons jugé utile d'adopter la classification de M. Coquand et de décrire séparément chacune des faunes échinodermiques des étages santonien, campanien et dordonien.

Il convient toutefois de faire immédiatement remarquer que l'adoption de ces subdivisions n'implique pas l'idée d'une correspondance exacte entre nos étages algériens et ceux que M. Coquand a établis dans les Charentes. Les limites que nous avons adoptées pour nos étages et qui diffèrent sensiblement de celles que M. Coquand avait lui-même admises en Algérie, sont entièrement arbitraires. Elles sont seulement basées sur des dispositions locales, et rien ne nous prouve qu'elles sont en rapport avec les limites des mêmes étages dans le sud-ouest.

Il y a lieu d'ajouter même que, en ce qui concerne l'étage dordonien, les couches que nous classons sous cette dénomination, n'ont pour ainsi dire aucun rapport avec celles auxquelles, dans le sud-ouest, M. Coquand a limité son étage. En Algérie, ce savant a bien appliqué le même nom à un petit horizon riche en *Ostrea* qu'il a rencontré dans l'Aurès, et qui lui a paru, en raison de sa position, devoir se trouver sur le niveau de son dordonien, mais ce petit gisement lui-même n'est en réalité aucunement comparable à la puissante série que nous aurons à faire connaître et que notre éminent prédécesseur, dans ses explorations pourtant si étendues, n'a sans doute pas rencontrée.

L'étage dordonien d'ailleurs est encore en lui-même très discuté et incomplétement défini. M. Arnaud, dans ses remarquables études sur la craie du sud-ouest, a donné à cet étage une importance et des limites bien différentes de celles que lui avait

assignées M. Coquand. Pour ce dernier géologue (1), le dordonien
est un étage supérieur à la craie tufau de Maëstricht, et cependant inférieur encore à l'étage danien et à l'étage garumnien.
M. Hébert (2), d'un autre côté, classe la craie de Maëstricht et
même la craie grise de Ciply dans l'étage danien, de telle sorte que,
avec cette manière de voir, l'horizon dit dordonien serait enclavé
dans le danien. Leymerie, qui a créé l'étage garumnien pour les
couches des Pyrénées supérieures à l'horizon des *Hemipneustes*,
n'admet pas cependant que ce dernier soit parallèle à l'étage
danien.

M. Arnaud enfin a proposé une correspondance qui mettrait
sur le même horizon le dordonien, le danien et le garumnien,
de telle sorte que les trois dénominations devraient être confondues.

S'il nous paraît réel que ces deux derniers étages doivent être
réunis et que la dénomination de garumnien proposée par
Leymerie, doive disparaître devant celle plus ancienne de danien
adoptée par d'Orb'gny, nous avouons n'être pas aussi complètement édifié sur les rapports qui peuvent exister entre le dordonien
et le danien.

Dans sa manière d'envisager la composition de ce dernier
étage, M. Coquand s'est conformé plus exactement que ses con-
tradicteurs à la manière de voir d'Alcide d'Orbigny, qui bor-
nait cet étage à la craie de Faxoe, au calcaire pisolithique
de Meudon et du Mont-Aimé, et aux calcaires de Laversine et du
Cotentin. Il reste toutefois encore à démontrer que le calcaire
pisolithique n'est pas parallèle à la craie de Maëstricht, comme
l'admettent beaucoup de géologues et notamment ceux du Limbourg (3), mais qu'il lui est supérieur et qu'entre ces deux
assises, en outre, on doit intercaler un étage nouveau, le dordonien, caractérisé par ses rudistes spéciaux.

C'est là une superposition d'horizons qui parait jusqu'ici à
peu près hypothétique. Nous préférons donc, jusqu'à preuve
plus complète, adopter la simplification proposée par M. Arnaud

(1) *Monographie du genre Ostrea*, p. 10, etc.
(2) *Bul. soc. géol.*, t. III, p. 595.
(3) Binkhorst von der Binkhorst, *Description de la craie du Limbourg*, p. 97.

et considérer comme étage dordonien tout ce qui, dans le terrain
crétacé, est supérieur à l'horizon de la craie à Bélemnitelles.
C'est à peu près, du reste, la règle qu'avait déjà suivie en Algérie
M. l'ingénieur Brossard.

Nous nous bornerons à suivre la classification qui nous paraît
la plus simple et la plus rationnelle. Nos observations nous ont
conduit seulement à donner pour la partie supérieure un développement considérable à cet étage dordonien d'Algérie. C'est
maintenant plus de 200 mètres de sédiments et cinq ou six faunes
successives qu'il comprend. Il nous serait difficile, on le voit, de
ne le considérer que comme le simple équivalent du banc crayeux
qui, à Aubeterre, Neuvic ou Lamerac, renferme les *Hippurites
radiosus* et *Radiolites Jouanetti*.

En ce qui concerne les étages campanien et santonien, les
limites respectives que nous adoptons pour ces étages en Algérie
diffèrent quelque peu de celles qui ont été admises par MM. Coquand et Brossard. L'ensemble, toutefois, reste sensiblement le
même et les divergences ne portent guère que sur la manière
d'envisager le groupement local des couches. Ainsi que nous
l'avons dit, nous ne pouvons en cela que chercher à faciliter
l'étude de ces terrains ; et nos divisions, basées sur des phéno-
mènes purement locaux, ne peuvent prétendre à aucun caractère
de généralité. Les correspondances que semblent indiquer les
dénominations employées restent dans le domaine des probabilités. En ce qui concerne notamment les couches inférieures
du santonien, il est fort possible que la correspondance que nous
indiquerons ne soit pas admise par tous les géologues. La série
des couches de toute cette craie nous a toujours paru très uniforme et très continue. Nous n'y avons jamais remarqué ni discordance, ni interruption, ni aucune de ces séparations qui
frappent immédiatement tous les observateurs. Il en est résulté
que les divisions que nous y avons introduites sont forcément un
peu artificielles.

Si, comme nous l'avons dit, il est préférable, au point de vue
paléontologique, de scinder en trois groupes la faune sénonienne
d'Algérie, il nous a paru, au contraire, difficile et désavantageux,
au point de vue stratigraphique, de diviser en trois parties la

description des couches. Nous préférons montrer immédiatement, dans son ensemble et dans son unité, toute cette puissante série de la craie supérieure, dont les différents termes ont tant d'analogie et de traits communs.

C'est ainsi que pour satisfaire à ces diverses convenances, nous sommes amenés d'une part à réunir dans une seule notice tous les renseignements stratigraphiques concernant la craie supérieure, c'est-à-dire les étages sénonien et danien, d'une autre part, à décrire en trois fascicules distincts chacune des faunes échinodermiques des trois groupes principaux que nous admettons.

Le présent fascicule, le VIIe de notre publication, comprendra donc la notice stratigraphique générale et la description des échinides santoniens. Les deux fascicules suivants ne comprendront que les descriptions des espèces du campanien et du dordonien.

II

L'extension du terrain crétacé supérieur est assez considérable en Algérie. Dans les hauts plateaux des départements d'Alger et de Constantine surtout, ce terrain occupe d'importantes superficies. Ses nombreuses assises s'y montrent cependant rarement dans tout leur développement. Dans bien des localités on ne peut observer à découvert qu'une partie plus ou moins étendue de cette série. C'est ainsi qu'aux environs de Djelfa, d'Aumale, de Mansourah, de Bordj-bou-Areridj, de Tébessa, etc., les zones inférieures seules sont visibles. Dans d'autres localités, comme Aïn-Beïda, El-Kantara, etc., ce sont les zones moyennes seulement que l'on observe. et enfin, à Sétif, Aïn-Tagrout, etc., on ne voit affleurer que les couches supérieures.

La région que nous avons reconnue être la plus intéressante pour l'étude de la craie supérieure, est la région montagneuse qui sépare la plaine de la Medjana de celle du Hodna.

Dans la partie comprise entre le petit caravansérail de Medjès-el-Foukani et le village arabe de Msilah, la série des couches est complète depuis l'étage turonien jusqu'au terrain tertiaire. On y peut suivre facilement la succession des zones fossilifères et

leur division en trois étages assez distincts. En outre, les fossiles
y sont partout très abondants et généralement bien conservés.

Il nous paraît donc opportun de considérer cette localité
comme le meilleur type de l'étage qui nous occupe, et en conséquence nous commencerons par en donner une description
détaillée. Il nous sera facile ensuite de faire connaître en peu
de mots la constitution des autres gisements et d'indiquer leurs
rapports avec la localité type.

Dans notre dernier fascicule relatif à l'étage turonien, nous
avons fait connaître comment nous comprenions la composition
de cet étage et, à quelle portion des couches crétacées il nous
semblait convenable de le limiter.

La limite que nous avons adoptée est en général facile à distinguer, surtout dans la région montagneuse dont nous parlons.
Elle est assez nettement indiquée par la fin des masses calcaires
très compactes, au sein desquelles ont été recueillis de rares
rudistes, et par l'apparition de marnes contenant une faune
abondante et très différente de celle des couches précédentes.
Cette même limite a été adoptée par M. Brossard, et nous ne pouvons mieux faire que de suivre son exemple.

Il y a lieu toutefois de faire observer que dans d'autres parties
de l'Algérie, où la grande assise turonienne est moins puissante
et moins uniforme, ce passage d'un étage à un autre est moins
brusque, et la ligne de démarcation moins nette. Dans les environs de Batna et de Krenchela, notamment, le passage nous
paraît jusqu'ici un peu confus. Les assises turoniennes y sont
plus fossilifères que dans l'ouest, et leur faune propre semble se
mêler un peu à celle des premières assises santoniennes. Une
étude très détaillée de ces localités pourrait seule, en raison des
ressemblances et affinités d'une grande partie des fossiles successifs, permettre d'apprécier à quel endroit il convient de faire
débuter la craie supérieure dans cette région.

Dans les montagnes qui séparent Bordj-bou-Areridj de Msilah,
les couches géologiques forment un large bombement dont l'axe
anticlinal est dirigé à peu près de l'est à l'ouest. La partie inférieure ou centrale de la voûte est formée par les calcaires turoniens, lesquels sont entamés profondément par l'Oued Ksab et

ses affluents, à quelques kilomètres au nord du bordj de Medjès-el-Foukani. Sur ce point, dans les gorges profondes où coulent ces rivières et dans les grands escarpements qu'on y peut observer, les assises sont sensiblement horizontales. A partir de cette ligne, au contraire, elles s'infléchissent vers le nord d'un côté et vers le sud de l'autre côté, et à peu de distance, on les voit de chacun de ces côtés surmontées par les assises marneuses et calcaires de l'étage santonien.

Dans la partie située au nord de l'axe anticlinal, c'est-à-dire à peu près entre le bordj de Medjès et la plaine de la Medjana, l'étage santonien seul se montre au-dessus du turonien, au moins sur la ligne de parcours de l'Oued Ksab et de la route de Bordj-bou-Areridj. Le terrain crétacé est même dans cette direction, masqué sur un large espace par le terrain tertiaire qui vient le recouvrir. Les strates présentent en outre une grande ondulation, qui fait réapparaître l'étage santonien près du village de Bordj-bou-Areridj, d'où il se prolonge dans l'ouest.

Au contraire, dans la partie sud du bombement, l'étage santonien, très développé auprès du petit caravansérail de Medjès, s'incline de plus en plus vers le sud et se trouve, à quelques kilomètres plus loin, régulièrement recouvert par l'étage campanien.

Ce dernier étage à son tour supporte le dordonien, lequel enfin est recouvert en stratification concordante par le terrain tertiaire inférieur.

Nous représentons, dans le diagramme suivant, la disposition des assises telle qu'on peut l'observer en suivant le cours de l'Oued Ksab et le nouveau chemin de Msilah :

DIAGRAMME

Représentant la succession et la disposition des couches comprises entre l'Oued Ziatine et le barrage d'El-Hammam, relevé au niveau de l'Oued Ksab et le long de la rive droite de cette rivière.

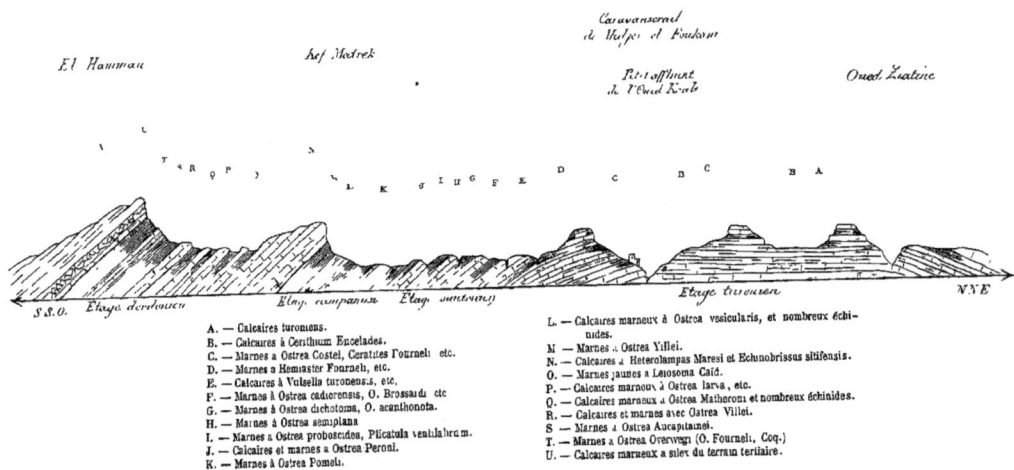

El Hammam   Aef Madrek   Caravansérail de Halja et Boukam   Petit affluent de l'Oued Ksab   Oued Ziatine

S.S.O.   Etage dordonien   Etage campanien   Etage santonien   Etage turonien   N.N.E

A. — Calcaires turoniens.
B. — Calcaires à Cerithium Encelades.
C. — Marnes à Ostrea Costei, Ceratites Fourneli, etc.
D. — Marnes à Hemiaster Fourneli, etc.
E. — Calcaires à Vulsella turonensis, etc.
F. — Marnes à Ostrea cadierensis, O. Brossardi, etc.
G. — Marnes à Ostrea dichotoma, O. acanthonota.
H. — Marnes à Ostrea semiplana.
I. — Marnes à Ostrea proboscidea, Plicatula ventilabrum.
J. — Calcaires et marnes à Ostrea Peroni.
K. — Marnes à Ostrea Fomeli.

L. — Calcaires marneux à Ostrea vesicularis, et nombreux échinides.
M. — Marnes à Ostrea Villei.
N. — Calcaires à Heterolampas Maresi et Echinobrissus sitifensis.
O. — Marnes jaunes à Leiosoma Caïd.
P. — Calcaires marneux à Ostrea larva, etc.
Q. — Calcaires marneux à Ostrea Matheroni et nombreux échinides.
R. — Calcaires et marnes avec Ostrea Villei.
S. — Marnes à Ostrea Aucapitainei.
T. — Marnes à Ostrea Overwegi (O. Fourneli, Coq.)
U. — Calcaires marneux à silex du terrain tertiaire.

Dans les calcaires turoniens qui, ainsi que le montre le profil ci-joint, se trouvent en strates horizontales au nord de Medjès-el-Foukani, nous n'avons pu rencontrer aucun fossile, non plus que dans les premiers petits lits de marnes qui les surmontent; mais à ces premières marnes succèdent quelques bancs calcaréo-marneux gris foncé, renfermant en abondance un gros gastéropode, qui nous parait identique à celui que M. Coquand avait décrit sous le nom de *Turritella gigantea*, et qu'il a appelé depuis *Cerithium Encelades* (1).

Ces calcaires à *Cerithium Encelades*, que nous considérons comme le premier horizon fossilifère du santonien, sont bien visibles au nord de Medjès. Le chemin de Bordj-bou-Areridj est parfois tracé sur les dalles mêmes de ce calcaire. Près du bordj de Medjès on les voit, sur les bords de l'oueb Ksab, s'incliner vers le sud, et on les observe souvent à un kilomètre au nord, dans plusieurs ravins dont ils forment le fond.

Aux alentours du bordj, ces couches sont assez disloquées et dérangées ; dans leur ensemble elles plongent vers le sud, mais on en voit des lambeaux qui présentent des inclinaisons diverses et même opposées.

Ces calcaires à *Cerithium Encelades* sont surmontés par des marnes noirâtres, avec lits de rognons calcaires gris. On trouve peu de fossiles dans ces marnes. Cependant nous y avons recueilli l'*Ostrea Costei* et des moules de ptérocères ; au-dessus viennent des assises marneuses contenant en abondance une petite huître linguiforme, lamelleuse, acuminée, voisine des *Ostrea Brossardi* et O. *acutirostris*, mais qu'il paraît impossible d'assimiler complétement à aucune espèce connue. Cette huître forme souvent dans ces marnes une sorte de lumachelle. Avec elle on trouve associées d'assez nombreuses plicatules d'espèces encore mal définies.

(1) Coquand, *Bul. Acad. d'Hippone*, 1880, t. XV, page 84. M. Coquand a indiqué la *Turritella gigantea* comme provenant du rhotomagien des environs de Boghar. L'échantillon lui a été communiqué par M. Mœvus avec cette indication. Il nous parait possible qu'il y ait eu quelque confusion de gisement, car l'identité avec nos exemplaires santoniens nous semble évidente. M. Coquand a décrit aussi un autre grand *Cerithium*, le *C. portentosum* qui provient de la localité qui nous occupe et qu'il signale comme très-voisin du *C. Encelades*. Il est probable que ces deux espèces doivent être réunies.

A leur partie supérieure, ces marnes passent à des calcaires gréseux, lumachelleux, remplis de débris d'huîtres, qui dans le haut deviennent très fossilifères. On rencontre là un premier niveau de cératites. L'espèce carastéristique est celle connue depuis longtemps dans la géologie algérienne et que M. Bayle a décrite sous le nom de *A. Fourneli* (1). On y trouve encore, parmi les espèces déjà connues, les *Natica Gervaisi* Coq., *Turritella pustulifera, T. leoperdites, Cardium Mermeti, Isocardia Jubœ,* quelques *Hemiaster Fourneli* et de nombreux moules de gastéropodes et d'acéphales d'une détermination difficile.

Une nouvelle assise ramène des marnes noirâtres avec nombreux *Ostrea Boucheroni* Coq. d'une belle conservation ; puis ces marnes alternent avec des bancs calcaires dont les premiers contiennent un gros moule d'*Arca* qui semble être celui qu'on a rapporté à l'*Arca ligeriensis.* Ces deux moules sont, en effet, assez voisins ; toutefois il nous paraît impossible de les identifier. Le *Cardium Mermeti* et d'autres bivalves habitent encore ces calcaires, et on y trouve en outre plusieurs formes nouvelles de *Ceratites,* dont M. Coquand vient de décrire deux espèces sous les noms de *Ceratites Brossardi* et *C. Nicaiseï.* Une couche très riche en *Plicatula ventilabrum* succède aux précédentes, puis immédiatement au-dessus on observe un niveau marneux, où les échinides se montrent en extrême abondance.

C'est là le gisement principal des *Hemiaster Fourneli, H. ksabensis, Cyphosoma Delamarrei, C. Archiaci, C. foukanense, Holectypus serialis, Orthopsis miliaris,* etc. L'*Echinobrissus pseudominimus* paraît habiter une couche mince, un peu au-dessous des autres espèces.

Cette zone dont nous venons de parler, très visible autour du bordj de Medjès, forme en particulier la base des mamelons situés à quelques centaines de mètres de ce bordj. On l'observe en outre dans les ravins du nord-ouest, puis de l'autre côté de l'oued Ksab, et enfin dans tous les mamelons qui surmontent les plateaux du nord, le long de la route de Bordj-bou-Areridj.

Au-dessus de cet important niveau, si curieux surtout par l'ex-

_____

(1) *Richesse minérale de l'Algérie,* t. 1, p. 360, pl, XVII, fig. 1-5.

trême abondance des *Hemiaster Fourneli*, viennent des calcaires marneux, remplis par place de *Vulsella turonensis* Duj. *(Chalmasia concentrica* (Coq.) Cette précieuse espèce, bien conforme au type commun dans la Provence, dans la Touraine, etc., forme souvent dans ces calcaires une épaisse lumachelle ; on en peut recueillir de très-beaux exemplaires. Avec ce fossile se trouve de nombreux gastéropodes déjà rencontrés en partie, comme *Turritella leoperdites, T. pustulifera, Fusus Reynesi,* etc. ; puis l'*Inoceramus Cripsi,* l'*Avicula gravida,* la *Janira tricostata* Bayle (non Coq.), l'*Ammonites texanus,* de nombreuses huîtres, parmi lesquelles *Ostrea Boucheroni, Ostrea Costei, O. dichotoma, O. Matheroni, O. tetragona,* etc., enfin un grand nombre d'autres espèces inédites ou indéterminées. Les huîtres deviennent surtout abondantes à la partie supérieure de ce niveau ; on y trouve alors une espèce qui a été et qui paraît, en effet, pouvoir être attribuée à l'*Ostrea Deshayesi* Coq., ou *Ostrea santonensis* d'Orb. Il y a lieu, toutefois, de faire remarquer qu'avec les échantillons qu'on peut rapprocher de cette espèce, on en trouve d'autres, en quantité considérable, appartenant tous à ce même type, mais s'en éloignant plus ou moins par une forme plus allongée, des côtes plus ou moins saillantes ou épineuses, une courbure falciforme plus prononcée, etc. C'est avec ces types divers qu'ont été formées les espèces *Ostrea dichotoma, O. acanthonota, O. Sollieri,* etc. Si les différences considérables qui existent entre les types extrêmes expliquent suffisamment ces distinctions spécifiques, il n'en est pas moins avéré que dans une série nombreuse il devient difficile de séparer les espèces. Dans les couches supérieures quelques *Ostrea dichotoma* atteignent une taille énorme, et montrent une série extrêmement épaisse de lamelles d'accroissement. C'est surtout dans un lit de marne noirâtre et souvent roussie par les sels ferrugineux que ces espèces sont abondantes.

Les marnes assez épaisses à *Ostrea dichotoma* sont surmontées par des lits de calcaires noduleux, où se rencontre l'*Ostrea Costei,* puis l'*Ostrea cadierensis* (1), quelques *Hemiaster Fourneli*

---

(1) L'espèce que nous rapprochons ainsi de l'*Ostrea cadierensis,* si commun dans la craie de Provence, paraît avoir été, jusqu'ici. confondu avec l'*Ostrea Matheroni* ou l'*O. plicifera.* Elle en est voisine en effet, mais cependant elle s'en distingue facilement

et une grande quantité d'*Echinobrissus Julieni*. Cette dernière
couche est surtout avantageuse à explorer sur le chemin de Bordj-
bou-Areridj, un peu avant l'affleurement des terrains tertiaires,
à un endroit où le chemin, très rocailleux, descend au milieu de
ces calcaires noduleux vers le lit d'un petit affluent de l'oued
Ksab.

Au sud de Medjès, au-dessus de ces calcaires, on observe des
couches de marnes fissiles, assez argileuses, avec lits de calcaires gris subordonnés, le tout extrêmement riche en *Ostrea
sulcata* Nills. *(O. semiplana)*. Cette huître se présente dans
ces couches sous des formes variées presque à l'infini. Nous
en avons recueilli plus de cinq cents individus, tous de
bonne conservation. M. Coquand, dans sa belle monographie,
a rattaché à l'*Ostrea semiplana* toutes ces variétés, dont quelques-
unes présentent bien les caractères du type de la craie du nord.
Leur taille est toujours médiocre et plus petite que celle des
individus de la craie du Hainaut. Dans les petits bancs de calcaires
intercalés dans les marnes, la même espèce forme lumachelle, et
l'on en peut récolter de belles plaquettes et de nombreux individus dans les ravins boisés de genévriers qui découpent le plateau,
sur la rive gauche de l'oued Ksab.

Les assises à *Ostrea sulcata* supportent à leur tour une autre
alternance de marnes et de calcaires de même couleur et de
même composition, mais où les fossiles changent avec les niveaux. C'est d'abord une huître vésiculeuse, très abondante, qui
nous paraît identique aux *Ostrea proboscidea* de petite taille, qu'on
rencontre à Rennes-les-Bains et dans la craie de Villedieu. Nous
avons retrouvé ces bancs avec cette même petite huître, dans
la même situation stratigraphique, auprès de Bordj-bou-Areridj
et de Mansourah.

Un peu plus haut, c'est le niveau de l'*Ostrea Peroni* Coquand.

par une surface d'attache toujours très prononcée et occupant souvent presque toute
la valve inférieure : la valve supérieure est moins saillante, les côtes plus courtes, etc.
Nous possédons encore plus de cent échantillons de cette espèce que nous avons pu
comparer avec ceux de la Cadière et nous sommes convaincus de leur identité spécifique. Le véritable *Ostrea Matheroni*, type des Charentes, n'a été rencontré par nous
qu'à un niveau bien plus élevé. Cependant quelques individus du santonien s'en
rapprochent beaucoup.

Cette jolie petite espèce s'y trouve en quantité énorme et forme également lumachelle. Nous en avons pu recueillir un nombre considérable d'exemplaires isolés en parfait état et des plaques qui contiennent jusqu'à vingt individus réunis sur un petit espace. A Bordj-bou-Areridj, cette même espèce forme également un niveau bien caractérisé. Nous avons même remarqué que dans cette localité elle occupe deux niveaux assez distants.

L'*Ostrea Peroni* Coq. est encore une espèce qui se retrouve dans le santonien de la Provence. Nous en connaissons des échantillons identiques sous tous les rapports, qui proviennent du Beausset. Nous la trouvons en outre à Saint-Paterne et dans d'autres localités de la Touraine, au même niveau géologique.

L'*Ostrea Bourguignati* Coq. occupe, au-dessus de l'*Ostrea Peroni*, un niveau assez constant. Cette huître est également abondante, quoique moins que la précédente. Elle se trouve d'ailleurs asssociée à d'autres fossiles assez nombreux, *Pinna cretacea*, *Plicatula Flattersi*, *P. aspera*, *P. Ferryi*, *Ostrea cadierensis*, *Hemiaster Fourneli*, etc.

Les alternances dont nous venons de parler sont surmontées, au sud et au sud-est de Medjès, par un ensemble puissant de marnes noirâtres, et verdâtres par places, très argileuses, très fissiles, et chargées souvent de filons de chaux carbonatée cristallisée. Ces filons, si toutefois on peut leur donner ce nom, sont disposés dans le sens de la stratification et parallèles aux couches. Ils forment des tablettes cristallisées, à faces polies, d'une épaisseur très constante et d'une parfaite régularité. Nous insistons sur ce petit accident pétrographique, parce qu'il se présente assez régulièrement à cet endroit des couches et qu'à défaut de fossiles, il aide à se reconnaître dans la série.

Les fossiles paraissent manquer dans cette partie, mais un peu au-dessus, dans des bancs de calcaires gréseux, apparaît une nouvelle forme d'huître, l'*Ostrea Pomeli*, qui persiste dans une épaisseur de couches assez considérable.

Cette espèce, qui se distingue de l'*Ostrea Nicaisei*, dont elle est très voisine, par son crochet toujours acuminé et sa valve supérieure concave, a été placée par M. Coquand dans l'étage

2

campanien comme l'*Ostrea Nicaisei*. Il n'est pas impossible, en effet, de faire débuter ce dernier étage par les assises marneuses dont nous venons de parler. Toutefois, il nous a paru préférable de les laisser dans le santonien et de ne faire commencer le cam_ panien qu'au grand niveau fossilifère où foisonnent les *Ostrea vesicularis*, *O. Renoui*, etc., et les nombreux échinides dont nous aurons à nous occuper.

Il y a lieu, en effet, de remarquer que la zone à *Ostrea Pomeli* est plus intimement reliée aux zones précédentes qu'aux horizons supérieurs. Elle est assez nettement séparée de l'étage campanien par des assises épaisses de marnes argileuses d'un vert très foncé, très chargées de gypse et sans fossiles, qui, à défaut d'autres moyens de démarcation, peuvent former une limite convenable.

Tel est dans son ensemble le groupe de couches qui nous parait pouvoir représenter la craie inférieure ou étage santonien de M. Coquand. Limité ainsi que nous venons de l'indiquer, il possède encore une puissance de 130 mètres environ, et nous pensons que cette épaisseur est dépassée dans les environs de Bordj-bou-Areridj. C'est cette partie de l'étage santonien qui est la plus répandue en Algérie. Les étages supérieurs se montrent beaucoup plus rarement. Nous résumerons plus loin les motifs qui nous ont fait adopter cette classification pour les couches qui viennent de nous occuper. Actuellement, il convient d'achever l'examen des horizons successifs de toute la craie supérieure.

L'étage campanien, en prenant sa limite inférieure aux argiles verdâtres gypsifères dont nous avons parlé, a une épaisseur d'environ 90 mètres, dans la localité qui nous occupe. Il constitue un ensemble assez distinct par sa faune, mais très analogue à l'étage précédent par ses caractères pétrographiques.

Il débute à la partie inférieure par des marnes jaunâtres avec plaques minces de calcite fibreuse, assez semblables à celles que nous avons déjà observées précédemment. Au-dessus on tombe dans des alternances de marnes et de calcaires gréseux où apparaît pour la première fois l'*Ostrea Nicaisei*, et quelques autres fossiles des couches supérieures. Cette petite série est surmontée par une nouvelle assise assez épaisse, de marne argileuse verdâtre, puis par des calcaires noduleux, irréguliers, rognoneux, gris, jaunes et blancs, qui sont enclavés dans des marnes noires puissantes.

Dans cette partie les fossiles abondent ; ce sont surtout des moules de gastéropodes et d'acéphales, (*Trigonia, Venus, Arca, Spondylus,* etc.,) puis de nombreuses huîtres parfaitement conservées, les *Ostrea Villei, O. Renoui, O. Forgemolli, O. Nicaisei,* etc.

Un peu au-dessus, et peut-être en même temps, apparaît l'*Ostrea vesicularis.* Cette espèce devient surtout abondante dans une couche supérieure.

Au-dessus de ces niveaux viennent des calcaires lumachelles schisteux gris, avec un *Ostrea* qui paraît être l'espèce que M. Coquand a appelée *O. Janus* ; puis une couche se présente riche en *Echinobrissus,* parmi lesquels on distingue deux espèces déjà rencontrées dans le santonien, les *E. Julieni et E. pseudominimus,* et une espèce nouvelle, l'*Echinobrissus pyramidalis.* On y trouve également une espèce de *Cyphosoma* nouvelle.

Un peu plus haut encore, des marnes calcaires jaunes et blanchâtres, vertes par places, d'une épaisseur de 30 mètres, présentent plusieurs niveaux très fossilères et importants au point de vue qui nous occupe. A la partie inférieure les huîtres abondent ; ce sont comme dans les couches précédentes, les *Ostrea vesicularis, O. Renoui, O. Forgemolli, O. Villei,* puis de nombreux oursins, *Linthia Payeni,* espèce nouvelle abondante, *Hemiaster Fourneli, Cyphosoma, Leiosoma Cald,* etc., des avicules d'espèces inédites, et de nombreux moules de gastéropodes.

Dans la partie supérieure, avec beaucoup d'espèces déjà rencontrées, on trouve en abondance la *Plicatula Flattersi* Coq., des moules de *Trigonia auressensis,* la *Janira tricostata* Bayle, le *Strombus cretaceus,* et enfin un gros *Hemiaster,* d'un type bien distinct, qui est sans doute celui que M. Coquand à désigné dans sa collection sous le nom de *Hemiaster Brossardi* et qui a été cité par M. Brossard dans l'horizon qui nous occupe. Tous ces fossiles sont en général abondants et d'une belle conservation.

Au-dessus de l'horizon très-fossilifère dont nous venons de parler, l'étage campanien comprend encore une trentaine de mètres de marnes noirâtres et de calcaires lumachelles qui ne contiennent plus que l'*Ostrea Villei*. Cette espèce forme par places, dans ces couches, de véritables bancs amoncelés où il n'y a place pour aucun autre fossile. Les individus y sont en général moins bien conservés que les individus isolés que l'on rencontre dans les couches subordonnées.

En raison de la présence de cet *Ostrea Villei*, qui se perpétue dans les assises supérieures à celles dont nous avons parlé, ces marnes ont été comprises par M. Brossard dans son étage dordonien. Cette classification ne nous parait pas la meilleure. Les marnes à *Ostrea Villei* forment corps pour ainsi dire avec les couches précédentes et cette espèce se trouve aussi bien au-dessous de ce niveau principal qu'au-dessus. La ligne de démarcation serait presque impossible à tracer au milieu de ces séries de marnes. tandis qu'elle est au contraire bien nette au contact des grandes couches calcaires que nous allons rencontrer immédiatement au-dessus. Cette modification à la classification admise par nos devanciers, n'a certes pas une grande importance, au point de vue théorique surtout, mais dans la pratique elle a son utilité, car elle facilite beaucoup la distinction et la reconnaissance des étages, et rendrait notamment beaucoup plus facile le tracé d'une carte géologique détaillée par étage.

Toutes ces couches de l'étage campanien sont surtout visibles à sept ou huit kilomètres au sud du bordj de Medjès. Elles forment le versant nord des montagnes des Ouled Selim et en particulier du Kef-Matrek dont nous avons donné le profil dans notre diagramme ci-dessus. En raison de leur nature éminemment argileuse et friable, elles sont facilement désagrégées et entraînées par les eaux. Aussi ont-elles disparu par dénudation sur beaucoup de points et on ne les retrouve intactes que dans les escarpements où elles sont protégées par la croûte épaisse des calcaires dordoniens.

Nous n'avons pu donner dans le rapide aperçu de la succession des assises, qu'une courte énumération des fossiles les plus connus et les plus abondants. Le catalogue serait trop long de toutes les espèces que nous avons recueillies dans ce riche gisement. Beaucoup de ces espèces d'ailleurs sont spéciales à la région, ou nouvelles pour la science, et auraient besoin d'être décrites et nommées. Dans le présent mémoire nous le ferons pour les échinides nouveaux, mais nous ne pouvons songer en ce moment à étendre ce travail aux autres fossiles.

Dans la région de Medjès, nous n'avons jamais rencontré certains fossiles intéressants, notamment les oursins du genre *Hemipneustes,* qu'on trouve au même horizon dans les environs d'El-Kantara et d'El-Outaya. Nous n'avons pas non plus recueilli certaines espèces connues, citées par M. Coquand, en Algérie, et qui, se retrouvant en France, sont précieuses pour la comparaison et la synchronisation des horizons. Ce sont principalement les *Spondylus santonensis, Spondylus spinosus, Ostrea decussata, O. pyrenaïca, Echinocorys vulgaris,* etc., etc.

Il résulte de l'examen approfondi que nous avons fait de la faune recueillie par nous dans l'étage campanien, tant à Medjès que dans les autres localités similaires, que les éléments de comparaison manquent presque complétement entre cette faune et celle connue dans l'étage campanien de la Charente ou dans la craie à belemnitelles du nord de la France. L'*Ostrea vesicularis* seul paraît être commun entre ces deux faunes. C'est là un point d'appui d'une solidité médiocre pour élever un tableau de corrélation, et cela d'autant plus que l'*Ostrea vesicularis* se retrouve incontestablement en France et dans le Nord à des niveaux très divers.

C'est donc plutôt d'après un ensemble d'indices stratigraphiques et d'après les fossiles recueillis par M. Coquand, que nous avons cru devoir placer, comme M. Brossard, les couches qui viennent de nous occuper sur le niveau de l'étage campanien.

Partout où nous avons pu observer l'étage campanien en Algérie, nous lui avons reconnu une remarquable constance, non seulement dans sa faune, mais dans ses caractères pétrographiques.

Au djebel Mzeita, près d'Aïn Chania, à El-Kantara, aux Tamarins, ce sont toujours les mêmes marnes noirâtres, avec les mêmes espèces fossiles. Cet étage est d'ailleurs beaucoup moins répandu que le précédent, et les localités sont assez rares où on peut l'étudier dans toute son étendue.

L'étage dordonien forme un contraste sensible avec le campanien. Il semble réellement inaugurer un nouvel ordre de choses. Aux quelques espèces des zones inférieures qui persistent viennent se joindre un grand nombre de formes toutes nouvelles. Quelques brachiopodes, quelques polypiers, dont on n'avait vu aucun représentant dans les étages précédents, se montrent dans celui-ci. Les *Echinobrissus*, en nombre prodigieux et avec des caractères tout particuliers, forment un groupe d'espèces très remarquables; un genre nouveau et spécial à cette localité, le genre *Hetero-lampas* apparaît, et avec lui de nombreux *Leiosoma*, *Cyphosoma*, *Codiopsis*, etc. Les huîtres enfin persistent à se rencontrer en abondance et sous des formes variées.

Au lieu des assises puissantes de marnes argileuses noirâtres qui constituent la presque totalité du campanien, nous trouvons au contraire des bancs épais de calcaire compacte au début, et plus haut des marnes jaunes et blanches comme nous n'en avons pas encore rencontré dans les zones inférieures.

Toutes ces différences très accusées justifient et rendent facile la distinction des deux étages.

En poursuivant le profil que nous avons donné, on voit, au sud de Medjès, vers le lieu nommé Kef-Matrek, les dernières marnes du campanien, recouvertes par une série considérable de bancs de calcaire gris, réguliers, de 25 à 30 centimètres d'épaisseur, sans fossiles; puis de calcaires durs, esquilleux, avec quelques petits interstices marneux, dans lesquels se montrent pour la première fois quelques individus rares et mal conservés d'*Hetero-lampas Maresi* Cot. ; un banc de calcaire dur de 2 mètres d'épaisseur se rencontre ensuite, au-dessus duquel on remarque un petit lit marneux avec une petite térébratule très abondante, que M. Coquand a rapprochée de la *T. Nanclasi* de la Charente.

Un niveau très fossilifère existe au-dessus, dans lequel, au milieu de marnes blanchâtres très peu épaisses, se trouve à profusion l'*Heterolampas Maresi*, accompagné de nombreux autres oursins, *Salenia*, *Codiopsis*, *Holectypus*, puis quelques espèces déjà rencontrées comme *Linthia Payeni*, etc. Avec ce oursins on trouvé des moules de gastéropodes, en général de médiocre conservation, *Delphinula Brossardi* Coq., *Fusus Reynesi*, etc., et enfin un *Nautilus*.

Ce remarquable niveau est toujours surmonté par un banc très dur qui habituellement couronne les sommets des collines et forme corniche sur les pentes. Il supporte lui-même une assise calcaréo-marneuse extrêmement riche en *Echinobrissus sitifensis* Cot., *E. Meslei, Cyphosoma Selim.*

La série de bancs calcaires que nous venons de parcourir, constitue comme une première partie assez distincte dans l'étage dordonien. C'est elle qui forme la crête du Kef-Matrek, à 6 kilomètres au sud du bordj de Medjès. Sur ce point, elle étrangle la vallée de l'Oued Ksab et forme une petite gorge étroite et difficile à franchir, où passait, en même temps que la rivière, l'ancien chemin de Msilah. Une nouvelle route, ouverte en 1867, tourne ce défilé et, franchissant la crête par une rampe en écharpe, permet d'observer facilement la succession des couches.

A l'est de cette route, près du sommet du plateau, les calcaires forment barrage sur un petit affluent de l'Oued Ksab, et donnent naissance à une cascade qui dans la saison des pluies prend un aspect très pittoresque. C'est là un point de repaire que nous croyons utile d'indiquer. Vers cette cascade, on voit les calcaires à *Heterolampas* surmontés de marnes jaunes sans fossiles, mais sur ce point une faille très visible existe qui a dénivelé ces couches. En suivant la route on retrouve les calcaires à *Heterolampas* à un niveau plus élevé, puis on les voit, par suite d'une courbure, venir former le col où passe la route, et reprendre ensuite leur inclinaison normale au sud-sud-ouest.

La faille dont nous venons de parler peut donner lieu, si l'on n'y prête attention, à une erreur qui ferait croire à l'existence de deux niveaux récurrents d'*Heterolampas Maresi*. Cette erreur est surtout facile à commettre en suivant la route indiquée, car cette route, après avoir recoupé les couches à l'ouest de la faille, recoupe encore ces mêmes couches à l'est de cette faille, de manière à faire croire à l'existence d'une série continue.

Il semble probable qu'il y a là même plusieurs failles voisines et parallèles. Quoiqu'il en soit, nous avons ramené la succession des assises à la réalité par des comparaisons faites sur d'autres points.

Au-dessus de l'assise à *Echinobrissus sitifensis*, nous avons

observé des marnes schisteuses à nodules blanchâtres subconcré-
tionnés ; puis des calcaires en petits bancs avec traces d'huîtres,
des lumachelles avec *Ostrea Villei, Echinobrissus sitifensis,
Hemiaster.*

Plus haut, des marnes jaunes, puissantes, avec bancs subordonnés de calcaires noduleux, de lumachelles, de calcaires durs
jaunes, etc. Cette série est presque partout fossilifère. Nous y
avons recueilli vers la base de nombreux *Hemiaster,* dont quelques-uns paraissent être identiques à l'*H. Fourneli* de l'étage
santonien, des *Echinobrissus sitifensis,* plus rares. le *Leiosoma
Selim,* en parfait état de conservation et identique à celui du campanien, les *Fusus Reynesi, Pinna cretacea, Inoceramus Goldfussi,
Ostrea Villei, O. Janus?* etc.

Le groupe des marnes jaunes est surmonté par une série d'un
caractère différent et plus intéressant encore au point de vue
paléontologique. Elle se compose essentiellement de calcaires
gréseux, feuilletés par places, lumachelleux, grossiers, qui
alternent avec des marnes schisteuses grises.

Les premières couches renferment abondamment un gros spon-
dyle qui est peut-être celui qu'on a rapporté au *S. santonensis,*
mais qui cependant ne lui est pas complétement semblable ; puis,
de grandes plicatules, l'*Ostrea larva,* l'*O. Matheroni* bien identique au type des Charentes. Immédiatement au-dessus, une
couche se présente très riche en *Orthopsis miliaris,* et renfermant
en outre, le *Cidaris subvesiculosa,* l'*Ototosma Fourneli* et un autre,
enfin, un *Hemiaster* d'un type très particulier que nous décrivon[s]
sous le nom de *Hemiaster mirabilis,* et qui est très répandu dans
ces assises. Les *Echinobrissus,* si abondants dans les autres zones,
manquent dans celle-ci.

Après une courte réapparition d'argiles jaunes verdâtres et de
marnes rognoneuses blanchâtres, les calcaires gréseux lumachelles recommencent et présentent quatre ou cinq alternances de
marnes et de calcaires d'une épaisseur totale de 10 mètres environ,
le tout très riche en fossiles. Nous avons rencontré dans cet intéressant niveau un très grand nombre d'échinodermes, tous d'espèces
nouvelles et beaucoup d'autres fossiles ; nous citerons : *Nautilus
Dekayi, Hamites* sp., *Otostoma ponticum, Fusus Reynesi,* et un

grand nombre d'autres moules de gastéropodes. Les *Janira qua-dricostata*, *Pecten Dujardini* (1), *Venus*, *Lima*, etc. ; puis de nombreux *Echinobrissus* de formes nouvelles : *Echinobrissus pyrami-dalis*, *E. cassiduliformis*, *E. subsitifensis*; les *Holectypus subcrassus*, *Linthia Payeni*, *Hemiaster mirabilis*, *Cyphosoma Saïd*, *Leiosoma*, sp., *Magnosia Toucasi?* etc.

C'est là une des zones les plus riches et les plus intéressantes au point de vue spécial qui nous occcupe dans ce travail. Nous y avons recueilli plus de deux cents oursins en trois voyages. Elle est surtout à découvert dans la région ravinée qui s'étend à quelques centaines de mètres sur la droite du chemin neuf de Msilah, dans la dépression comprise entre les deux contreforts ou crêtes du Kef-Matrek-Mouglouba.

Là ne se termine pas l'étage dordonien ; une épaisse série se développe encore au-dessus de ce niveau à oursins.

Ce sont d'abord des bancs calcaires et des lumachelles rougeâtres assez compactes ; des marnes blanchâtres pétries de moules de turritelles, de vénus, etc. ; une suite de marnes jaunes et blanches plus argileuses, avec des *Ostrea Villei* assez abondants et parfois de très grande taille, des moules de *Trigonia*, un gros *Nautilus*, etc.

Une couche d'argile jaune gypseuse, supérieure aux précédentes, renferme des bancs d'une lamachelle grise, pétrie d'un petit *Ostrea* costulé, très voisin de l'*Ostrea Peroni*, déjà rencontré dans le santonien.

Les plaques de lumachelles présentent sur leur surface de nombreux individus très bien conservés, et, en cela encore, on trouve une très grande analogie avec les plaques à *Ostrea Peroni* du santonien. L'espèce nous paraît différer un peu en ce qu'elle est plus étroite, plus longue et encore plus falciforme. Elle a certainement une grande analogie avec une petite espèce également costulée et falciforme de la craie du Hainaut et du Limbourg. L'*Ostrea Villei* se montre encore abondamment à ce niveau.

---

(1) Cette espèce, que nous rapportons au type de la craie de la Touraine, est vraisemblablement celle que M. Coquand (*Bull. Académie d'Hippone*, 1880, t. XV, p. 153) vient de distinguer recemment sous le nom de *Pecten carduus* et qu'il signale comme très-voisine du *P. Dujardini*.

Une nouvelle série de marnes avec deux intercalations de calcaires se présente ensuite, qui renferme en nombre prodigieux une huître de forme inconnue dans les assises précédentes et qui est sans doute celle que M. Coquand a nommée *Ostrea Aucapitainei*.

Cette huître, comme il arrive toujours quand on rencontre une semblable agglomération d'individus, présente des variétés très nombreuses, dont les types extrêmes, observés isolément, pourraient donner lieu à la création de plusieurs espèces, s'ils n'étaient reliés d'une manière intime par de nombreuses formes intermédiaires.

C'est dans cette zone que se montrent à notre connaissance les derniers représentants du genre *Hemiaster*, dont nous avons vu les innombrables individus remplir toutes les couches de la craie moyenne et supérieure.

Les deux individus que nous avons recueillis dans cette partie des couches nous paraissent identiques à d'autres *Hemiaster* recueillis par nous dans l'étage dordonien des Ouled Brahim, aux environs de Sétif. Ils appartiennent encore comme forme et comme caractères généraux au groupe de l'*Hemiaster Fourneli*, mais ils en diffèrent par des caractères particuliers assez tranchés.

Avec ces derniers oursins nous avons rencontré encore des traces nombreuses d'inocérames et une cardite que nous allons retrouver plus haut en grande abondance.

La zone dont nous nous occupons est surmontée par un banc calcaire très puissant qu'on a entaillé à la mine pour le passage de la route. Ce banc couronne une ligne de petits côteaux parallèles à la grande crête dessinée, un peu plus au sud, par les assises tertiaires ; il forme habituellement une corniche saillante, et c'est là un point de repère facile à retrouver et à suivre à l'œil.

De nouvelles argiles jaunes avec *Ostrea Aucapitainei* et *O. Villei* (var. *Bomilcaris* Coq.,) surmontent ce banc et présentent à nouveau des marnes blanchâtres à bivalves.

Dans le haut, cette assise très épaisse offre à l'observateur une zone fossilifère très remarquable ; les fossiles y sont extrêmement abondants. Ce ne sont que des bivalves et des gastéropodes, mais ils présentent ce caractère, très rare dans nos couches, d'être bien conservés et de posséder encore leur test. Leur couleur est jaune, sauf pour les *Ostrea*.

La couche qui les renferme est une argile noirâtre, très chargée de gypse, ocreuse par places et rouillée par la décomposition des sels ferrugineux. Les espèces dominantes sont une belle cardite d'espèce inconnue, à côtes épineuses, une *Trigonia* d'un type particulier, qui semble être celle que M. Coquand a décrite sous le nom de *Trigonia auressensis*, des *Venus* très déprimées, des *Fusus*, des *Lithodomus* et enfin de nombreux *Ostrea*, parmi lesquels on trouve encore des *Ostrea Villei* et *O. Aucapitainei*, mais dont l'espèce la plus remarquable est l'*Ostrea Overwegi (Ostrea Fourneli* Coquand). Cette dernière, très abondante et remarquable par sa grande taille, peut être considérée comme l'espèce caractéristique de ce niveau. Nous ne l'avons pas rencontrée dans les zones précédentes.

Cette assise à *Ostrea Overwegi* est dans cette région la dernière zone fossilifère que nous ayons pu observer. Il n'est pas douteux qu'elle appartienne encore au terrain crétacé, car elle renferme plusieurs espèces des zones inférieures. Au-dessus on ne rencontre plus que vingt mètres environ d'argiles noirâtres et ocreuses semblables aux précédentes, mais dans lesquelles nous n'avons plus rencontré aucun fossile. Elles constituent pour nous le dernier terme de la série crétacé.

Ces argiles sont surmontées, sans qu'on remarque aucune trace de discordance dans la stratification ni d'interruption sédimentaire, par un massif de bancs calcaires marneux, gris, peu épais, irréguliers, très chargés de lits de silex noirs fondus dans la masse et non isolés en rognons irréguliers. Ces couches sont, par tous leurs caractères, identiques à celles par lesquelles débute le terrain tertiaire dans toute la région. Elles forment sur ce point un escarpement et, de même que les calcaires dordoniens, elles étranglent la vallée de l'Oued Ksab et déterminent une petite gorge, dont on a profité pour établir un barrage sur la rivière et faire marcher un moulin. Non loin de là aussi se trouvent des sources thermales, ce qui a valu à cette localité le nom de El-Hammam.

Nous n'avons rencontré aucun fossile dans ces calcaires à silex.

Toutefois, leur comparaison avec les couches tertiaires inférieures de Sétif, d'Aïn-Tagrout et autres lieux, ne nous laisse aucun doute sur leur âge. On doit présumer, en raison de leur position et de la continuité des strates, que la série sédimentaire est ici complète et ininterrompue. Cette hypothèse semble justifiée par le développement considérable de la craie supérieure que nous venons de faire connaître. Ce développement, en effet, ne se retrouve, à notre connaissance, dans aucune autre localité de l'Algérie. Partout ailleurs nous avons vu la série tronquée et morcelée.

Nous ne saurions évaluer à moins de 160 mètres l'épaisseur des couches qui forment l'étage dordonien du Kef Matrek à El-Hammam. Cette épaisseur, ajoutée à celle des étages campanien et santonien, porte à plus de 400 mètres la puissance totale de la craie supérieure dans cette partie de l'Algérie.

Pour nous aider dans l'étude de cette énorme série et dans les comparaisons à faire avec les autres localités, il paraît possible de résumer, en un certain nombre de zones, la succession des niveaux fossilifères que nous avons observés. Sans doute on doit considérer que ces zones n'ont qu'un caractère local assez restreint, aussi nous ne voulons y voir rien d'absolu ni de définitif. Elles nous paraissent cependant se reproduire avec une certaine constance au moins dans la région du Hodna, des Bibans, du Bou-Thaleb et même dans le sud de Batna.

Voici quelle serait, d'après les fossiles dominants, la succession des zones observées aux environs de Medjès-el-Foukani :

Etage santonien.
Zone à *Cerithium Encelades.*
id *Ceratites Fourneli, Ostrea Costei.*
id *Hemiaster Fourneli* et autres oursins.
id. *Vulsella turonensis.*
id. *Ostrea cadierensis*, etc.
id. *Ostrea acanthonota.*
id. *Ostrea semiplana.*
id. *Ostrea Peroni.*
id. *Ostrea Pomeli.*

Etage campanien.
id. *Ostrea Nicaisei, O. vesicularis.*
id. *Ostrea Villei.*

Étage
dordonien.
{
Zone à *Heterolampas Maresi.*
  id.   *Echinobrissus sitifensis.*
  id.   *Leiosoma Caïd.*
  id.   *Ostrea larva, O. Matheroni, Echinobrissus cassiduliformis.*
  id.   *Ostrea Aucapitainei.*
  id.   *Ostrea Overwegi.*
}

III

Ainsi que nous l'avons dit précédemment, le développement très complet de la craie supérieure que nous venons d'indiquer aux environs de Medjès-el-Foukani, ne se représente, à notre connaissance, dans aucune autre partie de l'Algérie. Dans les autres localités qu'il nous a été donné d'explorer, nous n'avons vu affleurer qu'une portion plus ou moins étendue de cette puissante série.

Chacune de ces portions, d'ailleurs, reproduit bien les caractères de la portion correspondante dans la région que nous venons d'étudier et sa similitude est en général bien complète.

Il résulte de là que nous n'avons pas besoin d'entrer dans de grands détails au sujet des autres gisements sénoniens. Il nous suffira de les rapprocher des zones que nous avons indiquées et d'en faire connaître en peu de mots les caractères particuliers, surtout au point de vue de la faune échinologique qui .nous occupe spécialement dans le présent travail.

L'étage sénonien inférieur se retrouve, également riche en fossiles, dans la plaine de la Medjana, à 32 kilomètres environ au nord de Medjès-el-Foukani. Nous n'y avons guère reconnu que les couches supérieures du santonien, c'est-à-dire les zones à *Ostrea acanthonota*, à *Ostrea cadierensis*, *O. Peroni*, etc., à l'exclusion des zones inférieures à *Ceratites Fourneli*, etc.. qui ne paraissent pas se montrer dans cette localité. Les quelques oursins, *Hemiaster Fourneli* et *Cyphosoma Archiaci*, que nous y avons rencontrés se trouvaient là en dehors de leur station principale.

Les assises santoniennes forment, auprès de Bordj-bou-Areridj, dans la plaine de la Medjana, une large bande dirigée de l'est à l'ouest. Les couches y sont inclinées vers le sud et sont souvent recouvertes par les alluvions; c'est surtout dans les petits ravins qui se trouvent à quelques kilomètres à l'ouest du village, qu'on peut les explorer fructueusement.

De ce point elles se prolongent sur un long espace à travers la petite Kabylie orientale, en passant au sud des Bibans, ou Portes de fer, près du village kabyle de Mansourah, puis vers le campement de Ben-Daoud, et le caravansérail de l'Oued Okris, d'où elles continuent vers Aumale, Sour-Djouab, Berouaguiah et Boghar.

C'est là le plus important affleurement continu que nous ayons rencontré. Dans ce long parcours les couches santoniennes subissent une modification importante au point de vue du facies général et de la faune qu'elles renferment. Jusqu'auprès du village de Mansourah, ces couches demeurent à peu près telles que nous les avons vues à Bordj-bou-Areridj ; mais au-delà les alternances de bans de calcaire dur et d'argiles marneuses disparaissent pour faire place à des calcaires marneux gris très fissiles et à des marnes schistoïdes à stratification confuse. Dans cet ensemble les fossiles deviennent de plus en plus rares, au fur et à mesure que l'on s'avance vers l'ouest ; cependant les marnes renferment parfois, comme à Mansourah. de nombreux petits fossiles ferrugineux, parmi lesquels on remarque surtout des cardium, des nucules, des astartes, etc.

En ce qui concerne les échinides, nous avons seulement à mentionnei un important gisement que nous avons découvert au sud des Portes de Fer, à 8 kilomètres environ à l'est de Mansourah, près du chemin de Bordj-bou-Areridj. Sur ce point les couches santoniennes sont encore telles que nous les avons vues dans ce dernier village et très riches en *Ostrea acanthonota, O. Costei, O. cadierensis.* Elles nous ont présenté, près du sommet d'un mamelon, et intercalé dans ces assises ostréennes, un mince lit marneux très riche en échinides d'espèces nouvelles, que nous n'avons pas retrouvées aux environs de Medjès. Ces espèces sont, avec l'*Hemiaster Fourneli,* assez rare, un autre *Hemiaster, H. bibansensis,* remarquable par sa face inférieure plane et ses ambulacres postérieurs plus longs que les antérieurs, puis le *Cyphosoma Mansour*, et enfin le *Salenia scutigera*.

Dans l'ouest de Mansourah, les quelques gisements fossilifères que nous avons rencontrés ne nous ont pas donné d'oursins. Cependant il paraît très probable que l'*Epiaster verrucosus* Coquand, que nous avons décrit dans notre quatrième fascicule et qui provient des environs du caravansérail de l'Oued-Okris, appartient, non à l'étage cénomanien, comme l'avait pensé M. Coquand, d'après les renseignements de Nicaise, mais bien à l'étage santonien. C'est une espèce toujours déformée et qui n'est connue qu'à l'état ferrugineux.

Dans les environs d'Aumale nous avons à signaler une espèce intéressante., le *Micraster Peini* Coq., déjà mentionné par nous dans un mémoire spécial sur la géologie de cette localité (1). Cet oursin a été recueilli auprès de l'abattoir d'Aumale, dans des marnes fissiles noirâtres bien supérieures à une zone renfermant le *Radiolites cornu-pastoris* ou au moins une espèce fort voisine.

Le *Micraster Peini* présente, pour l'étude de l'étage santonien du Tell algérien, une importance réelle, car il existe dans des localités nombreuses et éloignées, depuis Refana, dans l'Est, ou M. Coquand l'a signalé pour la première fois, jusqu'à Boghar et Berouaguiah.

Quelques autres oursins, assez abondants, mais toujours très déformés et empâtés, existent encore dans des marnes schistoïdes qui s'étendent au sud d'Aumale, bien au-dessus du niveau à *Micraster Peini*. Ces oursins des genres *Hemiaster* et *Cyphosoma* n'ont pu être déterminés spécifiquement. Nous pensons que les premiers doivent être attribués à une espèce, l'*Hemiaster Thomasi*, dont nous allons parler plus loin.

Indépendamment de ces oursins, on trouve dans les environs d'Aumale, au milieu des épaisses masses d'argiles fissiles et schistoïdes qui représentent la craie supérieure dans cette contrée, de nombreux petits gisements assez restreints renfermant quelques fossiles et notamment plusieurs huîtres connues à Medjès,

(1) *Bull. soc. géol. de France*, t. XXIII, p. 704.

comme *Ostrea Langloisi, Ostrea Matheroni, O. Janus.*L'*Inoceramus
Goldfussi* s'y trouve également, ainsi que des plicatules. Il ne
semble donc pas douteux que cette portion des couches crétacées d'Aumale ne soit bien le prolongement de celles de Bordj-
bou-Areridj et de Mansourah.

Au-delà d'Aumale, en allant vers l'ouest, les couches de la
craie supérieure, de même que celles de la craie moyenne, dont
nous nous sommes précédemment occupés, conservent presque
sans modification le facies qu'elles possèdent dans cette localité.
Les recherches persévérantes et intelligemment dirigées de M. le
vétérinaire militaire Thomas dans les environs de Berouaguiah
nous ont permis de reconnaître que la succession des couches y
était la même qu'à Aumale.

Dans les environs de la Smalah des Spahis, M. Thomas a découvert des échantillons du *Micraster Peini* bien conformes à ceux
d'Aumale et, avec ce micraster, un grand *Hemiaster*, l'*H. Thomasi*, que nous n'avons pu rapporter à aucune espèce connue et
que nous avons dédié à notre zélé correspondant.

Le *Micraster Peini* a encore été recueilli plus au sud dans la
même partie de la province d'Alger. C'est bien, en effet, cette
même espèce que M. Nicaise a rencontrée au Kef-ben-Alia, à
quelques kilomètres au sud de Boghari et qu'il a désignée à tort
sous le nom de *Micraster cor anguinum* (1). Nous avons nous-
mêmes examiné ce gisement du Kef-ben-Alia, et nous avons reconnu qu'il devait être placé dans la partie inférieure de l'étage
sénonien.

Les deux étages santonien et campanien se montrent d'ailleurs
dans les environs de Boghar avec des caractères qui les rapprochent des gisements de Medjès ou des Tamarins. Ils sont consti-
tués dans cette localité par des marnes grises et blanchâtres alternant avec des calcaires. Sur la rive gauche du Chéliff nous avons
recueilli un certain nombre d'*Ostrea, O. Matheroni? O. dichotoma,
O. Costei*, etc. M. Thomas a également recueilli dans ces mêmes
lieux des *Ostrea* qu'il nous a communiqués et parmi lesquels
nous avons reconnu les *Ostrea vesicularis* et *O. Villei*, ce qui
indique l'existence de l'étage campanien.

(1) Nicaise, *Catalogue des Animaux fossiles de la province d'Alger*, p. 80.

M. Nicaise avait déjà d'ailleurs signalé la présence de ce dernier étage auprès de Boghari, sur la rive gauche du Chéliff, et il l'indiquait comme composé : 1° de marnes séléniteuses friables, gris jaunâtre avec couches alternantes de silex noirâtre mélangées de marnes blanchâtres ;

2° De couches alternantes de marnes blanches, grises, remplies de points verts renfermant des *Ostrea vesicularis* et dents d'*Otodus*.

3° De couches alternantes de marnes grésiformes avec des marnes semblables aux précédentes, renferment le *Nautilus Dekayi*.

Nous ne serions pas étonnés que les premières zones de cette série, c'est-à-dire les couches supérieures à silex, ne dûssent être rattachées au terrain tertiaire et non pas au campanien. Le tertiaire inférieur existe en effet, à Boghar, et les caractères pétrographiques indiqués par M. Nicaise concordent bien avec ceux de ce terrain.

Les points particulièrement signalés par M. Nicaise comme gisements de l'étage santonien, sont : 1° à 15 kilomètres au sud de Berouaguiah, le confluent de l'Oued Labraz et de l'Oued Sagoun ; — 2° dans la partie sud des Emfetcha, dans l'est de Boghari, sur la route conduisant aux ruines romaines de Saneg ; — 3° dans les environs de Ténès, sur le territoire de Chebebia, près du bordj, puis au Kef-Hamar des Beni-Haoua, etc.

Aucun oursin n'est signalé dans tous ces gisements. Pour retrouver dans le département d'Alger une localité fossilifère de la craie supérieure, il faut nous transporter bien au sud de Boghar, au-delà de la grande plaine d'Aïn-Ousserah et du bassin des Chotts-Zahrez.

Alors, dans les environs du Rocher de Sel, et le long de la route de Djelfa, nous rencontrons d'importants affleurements de l'étage santonien, dont le faciès paléontologique se rapproche beaucoup de celui de Medjès et du sud de Batna. Cette région, explorée par de nombreux voyageurs, MM. Marès, Nicaise, Thomas, Le Mesle, etc., nous a fourni de nombreuses et intéressantes espèces d'échinides, dont quelques-unes ont déjà été décrites par l'un de nous.

3

M. Nicaise avait placé les gisements dont il s'agit, dans l'étage mornasien de M. Coquand. Leur identité, cependant, avec ceux dont nous nous sommes occupés, n'est aucunement douteuse ; aussi, nous n'hésitons pas à y voir le complet représentant de notre santonien.

La succession des couches et des zones fossilifères dans ces localités ne nous est pas bien connue. La série santonienne repose sur les calcaires turoniens qui se montrent, avec quelques rudistes, au Djebel-Aïa, sur les rives de l'Oued Ben-Alia, et enfin au Djebel-Senalba.

Les couches santoniennes fossilifères, sur les rives de l'Oued Addat, ainsi que sur celles de l'Oued Djelfa, se composent de marnes blanches et jaunes, plus ou moins dures, qui alternent avec des calcaires.

Les fossiles, au lieu d'y revêtir cette couleur grise ou même noirâtre, qu'ils ont dans le sud du département de Constantine, présentent une couleur et une gangue jaunâtre. Une grande partie de ces fossiles et notamment les plus abondants, sont les mêmes qu'à Medjès-el-Foukani et qu'aux Tamarins. Nous citerons les *Ceratites Fourneli*, *Otostoma Fourneli*, *Turritella pustulifera*, *T. leoperdites*, *Vulsella turonensis*, *Plicatula Ferryi*, etc.

Parmi les oursins, plusieurs espèces sont jusqu'ici spéciales à ces gisements ; d'autres se retrouvent dans le sud de la province de Constantine. Nous avons à citer les espèces suivantes :

> *Hemiaster Fourneli.*
> *Echinobrissus trigonopygus.*
> —   *Julieni.*
> —   *pseudominimus.*
> —   *sitifensis.*
> *Bothriopygus Coquandi.*
> *Holectypus serialis.*
> *Cyphosoma Maresi.*
> —   *Aublini.*
> —   *Archiaci.*
> —   *Meslei.*
> *Orthopsis miliaris.*

Les abords de la maison forestière de Bab-Aïn-Messaoud, sur le versant nord du Senalba, sont assez fossilifères ; on cite encore comme tels les environs d'Aïn-Aourrou, de l'Oued Sidi-Sliman, etc.

M. Thomas a en outre recueilli de nombreux oursins, en face la tuilerie de Djelfa, dans les ravins du Senalba. Ils sont pour la plupart en mauvais état, mais cependant, nous avons pu reconnaître les *Hemiaster Fourneli*, *Holectypus serialis*, *Cyphosoma Aublini*, etc.

Dans l'extrême sud, enfin, dans l'ouest de Laghouat et dans la direction de Géryville, à la crête de Mecied, M. Durand, chef du bureau arabe de cette localité, a recueilli plusieurs espèces d'oursins, dont quelques-unes sont nouvelles et spéciales jusqu'ici à ce gisement.

Ce sont les suivantes :

> *Linthia Durandi.*
> *Echinobrissus pseudominimus.*
> — *inæquiflos.*
> *Cyphosoma Maresi.*
> *Goniopygus Durandi.*
> *Orthopsis miliaris.*
> *Holectypus serialis.*

Nous avons, dans notre précédent fascicule, donné quelques indications sur les couches de cette partie de l'Algérie.

Celles qui, à la crête de Mecied, renferment les oursins ci-dessus, sont entièrement analogues aux calcaires durs, dolomitiques, que nous avons vu former le terrain turonien supérieur. Les fossiles y sont également difficiles à extraire, et en général, médiocrement conservés. A l'aide de l'acide chlorydrique, M. Durand est parvenu à en obtenir quelques-uns en bon état.

Ayant ainsi parcouru toute la partie de l'Algérie, située à l'ouest de la localité qui nous a servi de point de départ et de type pour l'étude de l'étage sénonien, il convient actuellement, pour achever notre aperçu de répartition géographique des gisements, de revenir à ce point de départ et d'examiner les gisements situés dans l'est de Medjès-el-Foukani.

Tout d'abord, en nous dirigeant sur l'est et le nord-est du caravansérail, après avoir parcouru un assez long espace occupé par les couches santoniennes, nous pouvons observer dans les montagnes des Ouled Mahdid, de nombreux gisements de l'étage campanien et même du dordonien inférieur.

Un des plus importants de ces gisements, se trouve auprès du campement arabe d'Aïn-Chania, au djebel Mzeita, montagne située à 24 kilomètres environ au sud de Bordj-bou-Areridj.

Ce gisement est plus particulièrement remarquable par le nombre et la belle conservation des huitres qu'on y rencontre ; ce sont d'ailleurs les mêmes espèces que nous avons signalées dans le campanien du Kef-Matrek, et, sous tous les rapports, les deux gisements ont la plus grande analogie. Les oursins, toutefois, sont beaucoup moins abondants et moins variés au djebel Mzeita, qu'aux environs de Medjès. Les seuls que nous ayons rencontrés sont, les *Hemiaster Brossardi*, un *Cyphosoma* médiocre et quelques *Echinobrissus*.

L'étage santonien se montre fort peu dans cette localité. C'est l'étage campanien qui domine et forme presque tout le versant nord de la montagne. Les ravins nombreux que les eaux ont creusés dans les marnes de cet étage, sont d'une richesse extraordinaire en beaux fossiles. Nous avons pu, en compagnie de M. Le Mesle, en recueillir une quantité considérable. Les espèces, toutefois, y sont peu variées.

Les grands calcaires dordoniens couronnent le sommet du djebel Mzeita, et vont former un large plateau chez les Ouled Mahdid. Les fossiles y sont rares ; cependant, nous y avons recueilli, ainsi que M. Brossard, des *Echinobrissus sitifensis*.

D'Aïn-Chania, la bande campanienne et le santonien qui la supporte, se prolongent sur un espace de plus de 20 kilomètres du côté de l'est, et, en arrivant vers la plaine des Righa-Dahra, ils disparaissent sous le terrain tertiaire.

Le djebel Mzeita est une des premières localités qui aient été explorées en Algérie au point de vue géologique. M. Renou, l'un des savants chargés de l'exploration scientifique de notre colonie, l'a étudiée dès l'année 1845, et en a donné une description dans son Mémoire sur la géologie de l'Algérie (1).

---

1) *Exploration scientifique de l'Algérie*, p. 36.

A cette époque déjà éloignée, et dans une exploration si rapide,
M. Renou n'a pu fournir sur l'âge et la faune de ces couches du
djebel Mzeita, les renseignements, beaucoup plus précis et dé-
taillés, que nous possédons actuellement. D'après quelques indices, il les avait considérées comme représentant la craie la plus
inférieure. M. Brossard, dans son Mémoire sur la subdivision de
Sétif, que nous avons si fréquemment l'occasion de citer, a rectifié
ce que les déterminations de M. Renou avaient de défectueux ; il
serait inutile aujourd'hui de revenir sur ce sujet. La description
physique et pétrographique que M. Renou a donnée de cette montagne, est demeurée d'ailleurs un excellent document, que les
explorateurs consultent toujours avec fruit

De Bordj-bou-Areridj, à 24 kilomètres au nord-ouest d'Aïn-
Chania, la craie supérieure se prolonge très peu dans l'est. L'é-
tage santonien que nous avons vu près de ce village, disparaît
presque immédiatement sous le terrain tertiaire et les alluvions.
Les couches crétacées, toutefois, reparaissent à la surface, à 25
kilomètres environ dans l'est, mais elles n'appartiennent plus à
la craie inférieure. A quelque distance du caravansérail d'Aïn-
Tagrout, on voit affleurer, en une longue bande, une crête de
calcaires durs, à strates inclinées, qui est formée par les assises
de l'étage dordonien.

Les fossiles n'y sont pas abondants ; cependant, sur certains
points, notamment un peu au sud du caravansérail, nous avons
pu recueillir des *Echinobrissus sitifensis*, accompagnés d'*Ostrea
Villei*, d'*Inoceramus* indéterminables et de moules de ptérocères.

Le caravansérail d'Aïn-Tagrout est assis sur les bancs mêmes
de l'étage dordonien. La roche qui le supporte est un calcaire
très dur, noirâtre, très veiné de chaux carbonatée cristallisée, et
susceptible de se polir et de donner un véritable marbre. Une
fracture très visible existe sur ce point dans ces bancs, et donne
naissance à une source qui alimente le caravansérail.

Peu après Aïn-Tagrout, les couches crétacées disparaissent de
nouveau pour revenir à la surface aux environs de Sétif. Là
encore, ce sont les couches supérieures de la série qui se montrent.
Les calcaires dordoniens forment quelques petites falaises le
long de l'Oued-Bou-Sellam, et couronnent un plateau entre les

villages de Fermatou et de Lanasser. De même qu'à Aïn-Tagrout, les fossiles y sont rares. Nous n'y avons recueilli aucun oursin.

Un autre affleurement plus important se montre à l'est et au nord-est de Sétif, chez les Ouled-Sidi-Brahim, à 8 kilomètres de ce pays. Les couches appartiennent encore à l'étage dordonien et se composent de grands bancs de calcaire dur, inclinés et tourmentés, avec des lits minces de marnes intercalés. Nous avons recueilli sur ce point, avec l'*Echinobrissus sitifensis*, un *Hemiaster* qui nous a paru devoir constituer une espèce nouvelle et que nous avons appelé *H. Brahim*. Cette espèce, comme nous l'avons dit, se retrouve dans les couches élevées du dordonien de Medjès.

L'*Ostrea Villei* et quelques autres fossiles se montrent en outre dans ce gisement des environs de Sétif.

Il nous paraît très probable que depuis les Ouled-Brahim, les couches crétacées, disparaissant souvent sous le terrain tertiaire, se prolongent dans la Kabylie orientale, où elles occupent une place importante dans la constitution des grandes montagnes du cercle de Bougie. Il ne nous a pas été donné de les suivre dans cette partie de l'Algérie, mais, M. Brossard, qui les a étudiées nous a donné à ce sujet quelques précieux renseignements.

Au point de vue paléontologique, les couches crétacées de la Kabylie paraissent être fort ingrates à étudier. Nous n'en connaissons aucun oursin, et nous n'avons à les mentionner que pour mémoire.

Des environs de Sétif, en suivant toujours la direction est-ouest, l'étude de la craie supérieure nous amène auprès de Constantine.

Nous avons vu, dans notre précédent fascicule, que le rocher qui porte la ville appartenait, en grande partie du moins, à l'étage turonien. Les calcaires, qui sur la rive droite du Rummel viennent se superposer aux calcaires à rudistes, renferment des *Micraster* qui nous ont paru, ainsi que l'avait annoncé M. Coquand, appartenir à l'espèce *M. brevis* Desor. Nous n'avons pas eu assez longtemps entre les mains les oursins dont il s'agit pour pouvoir les examiner à loisir, mais nous avons pu constater qu'ils différaient sensiblement du *Micraster Peini* d'Aumale, et qu'ils se rapprochaient beaucoup du *Micraster* de la craie de Touraine.

Au-dessus des calcaires à *Micraster,* du côté du Mansourah, viennent se superposer des marnes que M. Coquand a classées comme santoniennes. En fait d'oursins, nous ne connaissons de ce niveau que quelques *Hemiaster,* à l'état ferrugineux, que M. Papier y a recueillis et qu'il a bien voulu nous communiquer. Les échantillons sont de conservation trop insuffisante pour être déterminés spécifiquement, mais ils appartiennent certainement au genre *Hemiaster.*

Le djebel Chettabah, grande montagne située à 12 kilomètres à l'ouest de Constantine, est aussi formée en partie par les calcaires de l'étage sénonien, et elle a fourni quelques oursins aux explorateurs. M. Coquand (1) a donné une description détaillée de cette montagne, et il y a recueilli le *Micraster brevis.* D'un autre côté, M. Desor (2), a mentionné, comme provenant de cette localité, un *Micraster* qu'il rapporte au *M. Michelini.* Il semble probable que les deux oursins ainsi désignés appartiennent à la même espèce que celui des calcaires de Mecied, dont nous venons de parler.

Dans l'est de Constantine, en suivant les chemins de Guelma ou de Tebessa, les affleurements de l'étage santonien sont nombreux et étendus. Les environs d'Aïn-Beida, de Refana, etc., ont été décrits par M. Coquand et il est d'autant moins nécessaire de revenir sur ces descriptions, que notre savant confrère n'y mentionne aucun oursin.

A Refana seulement a été recueilli le type du *Micraster Peini.* C'est ainsi que nous voyons dans le Tell algérien une très longue bande, parallèle au rivage, jalonnée depuis Berouaguiah et Boghar jusqu'à la Tunisie, par ce genre *Micraster* dont nous ne trouvons plus aucun représentant dans la craie supérieure des hauts plateaux et du Sahara.

M. Coquand a bien encore mentionné, vers Aïn-Zaïrin, la présence de l'*Echinocorys vulgaris,* mais cette citation a été faite, nous croyons, d'après des renseignements erronés fournis à notre éminent confrère, et l'existence en Algérie de cet intéressant oursin n'a pas été confirmée.

(1) Coquand, *Géologie et paléontologie de la province de Constantine,* p 78.
(2) *Synopsis des Échinides fossiles,* p. 363.

La localité de Tebessa, décrite par M. Coquand, rentre, sous le rapport paléontologique, dans le facies crétacé méditerranéen ; c'est-à-dire, qu'elle offre une grande analogie avec les gisements du sud de Batna et du sud de la province d'Alger. L'étage sénonien y est incomplet ; la partie inférieure seule semble s'y montrer. Parmi les nombreux fossiles que nous possédons de Tebessa, nous pouvons mentionner l'*Hemiaster Fourneli*, qui se trouve là, comme à Medjès, accompagné des *Ceratites Fourneli, Turritella pustulifera, Ostrea acanthonota, Plicatula Ferryi*, et toute cette série d'espèces habituellement réunies dans le santonien des hauts plateaux.

M. Coquand a mentionné encore la craie supérieure en de nombreux points de l'Aurès, du pays des Nemenchas et de la lisière du Sahara, notamment au djebel Haloufa, à Aïn-Saboun, à Taberdga, à Djelaïl où il a constaté, au-dessus des calcaires à *Inoceramus*, la présence de marnes brunes avec *Ostrea Villei* et *O. Fourneti (O. Overwegi)*. Ces marnes sont les seules couches de la série supérieure au campanien que M. Coquand ait pu observer dans ces régions, et, en raison de leur position au-dessus de l'horizon à *Ostrea vesicularis*, il les a placées sur le niveau de son étage dordonien des Charentes.

Les environs de Krenchela paraissent offrir, en ce qui concerne la composition de la craie supérieure, une grande analogie avec ceux de Batna et surtout de Tebessa. Les couches à *Ceratites Fourneli, Hemiaster Fourneli, Cyphosoma Delamarrei*, etc., s'y montrent aussi fossilifères que partout ailleurs. Il n'est pas à notre connaissance que les étages campanien et dordonien y aient été observés. Dans la collection considérable de fossiles que M. Jullien a recueillie à Krenchela, nous n'avons pas reconnu les espèces caractéristiques de ces étages supérieurs.

Ainsi que nous l'avons dit dans notre précédent fascicule, il est fort possible qu'une partie des oursins que nous avons classés dans le turonien, d'après les renseignements qui nous ont été donnés, appartiennent en réalité à l'horizon dont nous formons le santonien. Il y a là une vérification à faire qui pourra modifier d'une manière importante les faunes échinologiques respectives des deux étages. Nous citerons notamment l'*Echinoconus car-*

charias, l'*Hemiaster krenchelensis*, le *Cyphosoma regale*, etc., dont la station nous a paru demeurer douteuse.

La région qui s'étend au sud de Batna est, comme nous avons eu l'occasion de le dire dans nos précédents fascicules, une des plus anciennement connues ; étudiée successivement par plusieurs éminents géologues, elle a donné lieu à des travaux importants.

Les premiers fossiles de la craie supérieure qui ont été connus et décrits proviennent de cette partie des hauts plateaux. C'est là qu'il faut chercher les types de ces espèces qui, comme les *Ceratites Fourneli*, *Otostoma Fourneli*, *Hemiaster Fourneli*, *Cyphosoma Delamarrei*, etc., sont très répandues en Algérie, mais qui, par leurs grandes affinités avec des congénères très voisins, ont donné lieu à de fréquentes confusions.

Ainsi que nous l'avons dit, les couches de ces localités avaient été classées dans la craie moyenne par les premiers explorateurs. C'est M. Coquand qui, rectifiant quelques déterminations erronées des fossiles recueillis, a démontré que ces couches devaient représenter, non la craie moyenne, mais bien la craie supérieure.

La constitution pétrographique des étages, la succession des zones fossilifères et la répartition des espèces sont à peu près entièrement semblables à celles que nous avons fait connaître dans les environs de Medjès. La craie supérieure, toutefois, fait ici en grande partie défaut, et nous n'y retrouvons pas les riches horizons fossilifères du dordonien.

L'étage turonien n'est guère visible qu'entre Batna et le caravansérail du Ksour. A partir de ce point, il disparaît sous les couches supérieures pour ne reparaître que près de Biskra.

La craie supérieure s'étend autour des caravansérails du Ksour, des Tamarins, d'El-Kantara et d'El-Outaya. Les environs du caravansérail des Tamarins, connus également sous les noms de Mezab-el-Messaï, ou Nza-ben-Messaï, de vallon d'Alfaouï, d'Aïn-Touta, etc., ont été plusieurs fois décrits et sont plus particulièrement connus.

Nous avons nous-mêmes étudié en détail cette localité intéressante, et nous y avons recueilli de nombreux fossiles. La partie inférieure des couches se compose des zones à *Ceratites Fourneli* et *Hemiaster Fourneli*; puis viennent au-dessus les

marnes à ostracées, l'étage campanien et enfin des bancs calcaires, riches en inocérames, qui couronnent les sommets des
collines. L'identité de ce gisement avec celui de Medjès est établie,
non seulement par la ressemblance pétrographique, mais par
un très grand nombre de fossiles communs.

Les oursins que nous avons recueillis dans les couches santoniennes sont les suivants :

Hemiaster Fourneli.

—   *asperatus.*

—   *Messaï.*

Echinobrissus pseudominimus.

—   *Julieni.*

—   *fossula.*

Holectypus serialis.

Cidaris subvesiculosa.

Cyphosoma Delamarrei.

—   *tamarinense.*

—   *rectilineatum.*

Orthopsis miliaris.

Dans les couches campaniennes superposées, nous avons
rencontré, avec les *Ostrea Nicaisei, O. vesicularis,* etc., le *Linthia
Payeni,* l'*Hemiaster Brossardi.*

Cet ensemble de couches, toujours couronné par les calcaires
à inocérames, se prolonge sans modification jusqu'à El-Kantara
et il est facile de le suivre le long de la route de Biskra.

A El-Kantara, les calcaires à inocérames s'abaissent en s'in-
clinant fortement vers le sud et forment, au nord de l'oasis, une
gorge profonde, par laquelle passent l'oued El-Kantara et la route
du Sahara.

La haute crête redressée et dentelée que déterminent ces
couches résistantes, abrite contre les vents du nord la vallée
d'El-Kantara et y permettent la culture du palmier à une latitude
relativement élevée. Bien des voyageurs ont décrit déjà cette
pittoresque localité, qu'on a appelée la Bouche du désert. Nous
n'avons pas à revenir ici sur ces descriptions purement phy-
siques et nous devons nous borner à insister sur les caractères
géologiques.

Les environs d'El Kantara ayant été étudiés par nos devanciers et la coupe de la colline ayant été donnée, il nous importait de l'examiner à notre tour, avec tout le soin nécessaire pour servir aux comparaisons à faire avec les gisements similaires.

Il est résulté pour nous, de cet examen, que la gorge d'El-Kantara se trouvait exactement dans les mêmes conditions géologiques que la gorge du Kef-Matrek, en aval de Medjès. Seulement, sur ce point, les calcaires dordoniens à *Heterolampas Maresi* se trouvent remplacés par des couches qu'on a appelées calcaires à inocérames, en raison du grand nombre de ces coquilles qu'ils renferment habituellement. L'identité de position de ces deux masses calcaires est telle, qu'il nous paraît nécessaire de les mettre sur le même horizon, quoique nos devanciers les aient considérées comme différentes.

Les couches à inocérames qui étranglent la vallée, près du pont romain, forment une masse calcaire très épaisse, inclinée de 70 à 80 degrés vers le sud. Du côté de la plaine d'El-Outaya, c'est-à-dire sur le versant sud, elles sont recouvertes en discordance par des poudingues rougeâtres tertiaires, qui s'étendent sur la vallée et masquent toutes les assises supérieures. Par la grosseur de leurs éléments et les amoncellements qu'ils présentent, ces poudingues indiquent clairement la présence d'un rivage dont les couches crétacées formaient la falaise.

Les bancs calcaires les plus élevés que nous ayons pu observer sur ce versant, nous ont donné quelques moules de gastéropodes dont les identiques se retrouvent dans le dordonien de Medjès, mais qui existent également dans le campanien. Les calcaires durs qui forment la muraille saillante, déchiquetée et festonnée, et donnent un aspect si curieux à ce rideau montagneux, ne nous ont fourni aucun fossile. Dans ceux en petits bancs entremêlés de marnes qui viennent au-dessous, nous avons observé des inocérames, puis encore des moules de gastéropodes identiques à ceux de Medjès. Au-dessous, sur le versant nord, on voit de grandes masses de marnes argileuses grises, jaunâtres par places, avec de rares petits bancs de calcaire. Ces marnes sont souvent très chargées de gypse et on y voit même de véritables bancs de cette roche. Il existe là une couche fossilifère qui nous a frappé, parce que nous l'avons observée absolument semblable dans le campanien de Medjès; c'est une couche extrêmement riche en pisolithes calcaires de la grosseur d'une aveline, qui doivent être sans doute des spongiaires voisins de l'*Amorphospongia globosa*.

Dans cette assise, les fossiles ne sont pas très communs. Nous avons rencontré seulement l'*Ostrea Villei*, des *Ostrea Nicaisei*, et l'*Hemiaster Brossardi*.

Les marnes et calcaires jaunâtres subordonnés sont au contraire très riches en fossiles. Nous y avons retrouvé une grande partie des espèces mentionnées sur le revers nord du Kef-Matrek. Ce sont principalement les huîtres que nous venons de citer, plus l'*Ostrea Renoui* et l'*O. vesicularis*, des plicatules, les *Hemiaster Brossardi* et *H. Fourneli*, etc. Nous mentionnerons spécialement un exemplaire de *Janira quadricostata*, parfaitement identique à ceux de la craie supérieure des Charentes.

C'est dans cette même couche dont nous parlons que paraissent se trouver les oursins du genre *Hemipneustes* qui ont été signalés et décrits par MM. Fournel et Coquand. A El-Kantara même, nous n'avons pas rencontré ces oursins, mais ils existent à quelques kilomètres de ce point, dans l'ouest, au-delà d'un petit col que franchit l'ancien chemin d'hiver de Biskra. On les a retrouvés également plus au sud, à mi-chemin, entre El-Kantara et El-Outaya, et enfin, au djebel Rharribou, près la montagne de sel d'El-Outaya. Deux espèces de ce genre ont été décrites : ce sont les *Hemipneustes africanus* Bayle, et *H. Delettrei* Coq.

Dans les marnes inférieures du système d'El-Kantara, nous avons recueilli l'*Ostrea Pomeli*, et au-dessous de ce niveau, les *Ostrea acanthonata*, *O. tetragona*, etc.

Si maintenant nous rapprochons cette succession de celle que nous avons indiquée entre Medjès et le Kef-Matrek, nous remarquerons qu'il y a identité complète.

Il résulte de là que les calcaires à inocérames du sud de Batna que M. Coquand avait classés dans son étage campanien, ne sont pas autres que les calcaires à *Heterolampas* par lesquels nous avons fait débuter le dordonien. Cette manière d'envisager la corrélation des deux séries nous paraît la seule possible.

M. Brossard, qui nous a devancés à Medjès et qui s'est efforcé
de suivre les conseils et la classification de M. Coquand, s'est
trouvé, en raison de ces difficultés, très embarrassé quand
il s'est agi de comparer les couches du Kef-Matrek avec celles du
sud de Batna. Cette difficulté était en outre d'autant plus grande
pour lui qu'il faisait commencer, comme nous l'avons dit, l'étage
dordonien par la couche marneuse à *Ostrea Villei.* Aussi s'expri-
me-t-il ainsi, (1) en parlant de cet étage aux environs de Medjès :
« L'étage dordonien repose en stratification concordante sur le
« campanien ; mais je dois répéter que cette superposition a lieu
« directement sur les argiles campaniennes à *Ostrea vesicularis*
« et non pas sur les calcaires à inocérames que M. Coquand a
« vus au-dessus dans la subdivision de Batna et qui n'existent
« pas dans la chaîne du nord de Hodna. Il est donc probable que
« des oscillations du sol se sont manifestées dans cette partie de
« la subdivision de Sétif, vers le milieu du dépôt campanien,
« car on ne peut attribuer aux érosions la disparition de tout ce
« groupe calcaire. »

Ces explications et ces hypothèses peu plausibles n'ont plus
de raison d'être et toute difficulté disparaît si l'on admet le parallélisme que nous indiquons. Nous rentrons ainsi dans la réalité
des faits et nous nous trouvons en présence de deux séries parfaitement concordantes, où il n'y a aucun mouvement du sol à
faire intervenir.

Peut-être, si les couches supérieures d'El-kantara n'étaient pas
cachées par les dépôts plus récents, pourrait-on y découvrir, comme
au Hodna, les couches à *Heterolampas*, à *Echinobrissus*, etc. ; mais,
dans tous les cas, l'absence de ces fossiles dans l'est n'aurait rien
de plus étonnant que l'absence des inocérames dans l'ouest. La
découverte qu'a faite M. Coquand dans les environs de Djelaïl, de
marnes brunes avec *Ostrea Villei, Ostrea Fourneli,* etc, supérieures aux calcaires à inocérames, corrobore très bien notre
manière de voir.

Il résulterait de ce nouveau classement que l'étage dordonien
serait en résumé assez répandu dans la province de Constantine

(1) *Mém. soc. géol.,* 2ᵉ série, t. VIII, p. 246.

où les calcaires à inocérames occupent des espaces assez considérables notamment dans le cercle d'Aïn Beïda.

Nous avons ainsi achevé l'aperçu que nous voulions donner de l'extension des couches de la craie supérieure en Algérie. Pour compléter cet aperçu il nous reste à faire connaître en quelques mots les principaux gisements de ce même terrrain qui ont été reconnus dans le nord de l'Afrique, en dehors de nos possessions. Dans le Sahara, l'existence de la craie supérieure est indiquée par quelques découvertes des voyageurs. L'*Ostrea Overwegi* notamment a été rapportée par Overweg des plateaux crétacés de la Tripolitaine, et cette espèce, comme nous l'avons dit, est spéciale aux couches les plus élevées de la craie d'Algérie. Cette même espèce se retrouve abondamment, d'après les travaux de M. Zittel, (1) dans le désert de Libye et elle parait y occuper plusieurs niveaux, tous dans la craie supérieure.

Tout récemment, dans les sondages qui ont été faits dans le sud de la Tunisie, d'assez nombreux oursins ont été recueillis, qui nous ont été communiqués et parmi lesquels nous avons reconnu plusieurs de nos espèces les plus importantes du dordonien. Tels sont les *Echinobrissus sitifensis, E. cassiduliformis, E. Meslei, Bothriopygus Coquandi*, etc, qui proviennent du seuil de Kriz et du Chott Djerid. La craie supérieure existe donc sûrement dans le sous-sol de ces régions.

En Palestine, les travaux de M. Louis Lartet indiquent également, au-dessus d'un cénomanien très analogue à celui d'Algérie, l'existence de l'étage sénonien avec de nombreuses espèces communes aux deux régions. Nous avons pu nous-mêmes examiner la plupart de ces fossiles de la Palestine et nous avons été frappés de leur identité avec les nôtres. Nous citerons notamment les *Ammonites texanus, Plicatula Flattersi, Ostrea vesicularis, O. Villei, Hemiaster Fourneli*, etc.

Le prolongement de nos assises crétacées supérieures se montre donc tout le long de la Méditerranée avec ce même facies spécial que nous avons déjà signalé pour les étages précé-

(1) Zittel. Uber den geologischen Bau der libyschen Wüste.

dents et justifie bien la dénomination de facies méditerranéen que nous avons proposée pour tout cet ensemble de faunes.

IV

Après les détails que nous avons donnés dans nos précédents fascicules au sujet de l'historique des quelques travaux auxquels a donné lieu l'étude de la craie supérieure en Algérie, il nous paraît tout à fait inutile de revenir sur ces questions. Nous avons d'ailleurs, au courant du présent fascicule, fait connaître les découvertes et la manière de voir, au sujet de ces terrains, des principaux géologues qui ont exploré notre colonie. Il ne nous reste donc plus, pour terminer cette notice stratigraphique, qu'à exposer comment, à notre tour, nous envisageons la corrélation des couches que nous venons d'examiner avec la série crétacée supérieure de notre pays.

Ainsi que nous l'avons dit plus haut, il est extrêmement difficile de faire un rapprochement serré entre des horizons et des faunes aussi dissemblables que ceux qui viennent de nous occuper et ceux que nous connaissons en France dans la craie supérieure. Ce n'est donc qu'à titre d'essai et sous réserve de modifications très probables, que nous allons indiquer les corrélations qui nous paraissent pouvoir exister entre ces deux grandes séries sédimentaires.

Nous avons fait débuter l'étage sénonien au-dessus d'un massif calcaire que, à l'exemple des géologues qui nous ont précédés en Algérie, nous avons attribué à l'étage turonien supérieur. Ce massif calcaire, pauvre en fossiles, représente-t-il à lui seul tout le turonien supérieur, c'est-à-dire l'étage angoumien de M. Coquand ou zone à *Radiolites cornu-pastoris*, le mornasien ou zone des calcaires à *Micraster brevis* et le provencien ou zone de l'*Hippurites cornu-vaccinum*? Nous ne le pensons pas. M. Coquand avait bien émis cette manière de voir en ce qui concerne le rocher de Constantine, mais son opinion n'a pas été la même pour d'autres gisements analogues. Pour nous, nous avons des doutes très sérieux sur le synchronisme de toutes ces grandes zones avec nos calcaires turoniens d'Algérie.

Nous avons fait voir que nulle part dans le milieu de ce massif à rudistes nous n'avions jamais rien observé qui pût représenter les 300 mètres de grès du Beausset à *Micraster*, les sables de Mornas ou les calcaires à échinides des Corbières. D'un autre côté les quelques rudistes que nous connaissons dans les calcaires en question sont le *Biradiolites cornu-pastoris*, un sphærulite qu'on a rapporté au *S. Desmoulinsi*, mais dont l'identité nous paraît fort douteuse, et enfin une hippurite voisine de l'*H. cornu-vaccinum*, mais dont les échantillons que nous connaissons possèdent des côtes plus fines et plus nombreuses que dans cette espèce. Quelques autres rudistes existent encore, mais ils appartiennent à des types nouveaux et ne peuvent nous servir pour nos comparaisons.

Il résulte de cette petite faune de rudistes que nos calcaires d'Algérie peuvent fort bien ne représenter que l'étage angoumien seulement. Leur position, leur puissance, leur faune nous semblent justifier cette hypothèse, et c'est cette manière de voir qui concilie le mieux les faits observés en Algérie et dans le midi de la France.

Il faudrait admettre dans cette hypothèse qu'une certaine partie des couches que nous avons placées dans le santonien, seraient turoniennes pour les géologues qui ne partagent pas notre manière de voir sur la classification de ce dernier terrain. Il faudrait admettre en outre que le grand niveau de rudistes dont M. Coquand a fait son provencien, ferait absolument défaut en Algérie, car dans notre série santonienne nous n'avons rien observé qui pût représenter cet horizon.

Malgré les inconvénients incontestables de cette hypothèse, nous pensons qu'elle est fondée. L'absence d'un niveau de polypiers et de rudistes ne saurait être considéré comme une lacune dans la suite des sédiments. Ce sont là des dépôts qui ne se peuvent développer que dans certaines conditions toutes spéciales de fond, des récifs, pour ainsi dire locaux et accidentels, et il n'y a rien d'étonnant à ce que, dans notre étage sénonien d'Algérie, si uniforme et si continu, ils fassent défaut tout aussi bien que dans la craie du nord de l'Europe.

La composition de l'étage santonien d'Algérie se prête bien à la solution que nous proposons.

Examinée dans son ensemble, sa faune présente un facies qui la rapproche aussi bien des couches à échinides des Corbières que de l'étage santonien des Charentes. C'est là du reste une conséquence de la similitude si complète de ces deux horizons, que nous avons d'autre part déjà fait ressortir (1).

Dans la région du Tell, à Constantine, Aumale, Berouaguiah, la zone à *Radiolites cornu-pastoris* est surmontée par des couches où apparaît pour la première fois, comme aux Corbières, le genre *Micraster*.

Dans les hauts plateaux la faune santonienne ne nous a pas offert d'oursins de ce genre, mais elles renferme un certain nombre d'autres fossiles connus en France et qui par suite peuvent nous être utiles pour nous repérer.

Parmi ces fossiles nous citerons les suivants :

Ceratites Fourneli.
Ammonites texanus.
Janira quadricostata.
Pecten virgatus.
Plicatula aspera.
Vulsella turonensis.
Ostrea Costei.
— *cadierensis.*
— *proboscidea.*
— *Boucheroni.*
— *plicifera.*
— *Matheroni.*
— *semiplana.*
— *Peroni.*
Salenia scutigera.
Cidaris subvesiculosa.
Cyphosoma Archiaci.
Orthopsis miliaris.

M. Coquand a cité en outre un grand nombre d'autres espèces santoniennes connues, qu'il a recueillies dans l'est de l'Algérie et que nous n'avons pas nous-même rencontrées.

(1) *Bull. Soc. géol. de Fr.*, 3e série, t. V, p. 469, 1877.

Ainsi que nous l'avons démontré plus haut, toutes ces espèces ne se trouvent pas réunies dans une même couche. Elles sont au contraire échelonnées dans une série de zones assez épaisses. Dans le nombre il en est quelques-unes des plus importantes et très caractéristiques des zones inférieures qui méritent une mention particulière.

Le *Ceratites Fourneli* a été trouvé par M. Toucas dans les Corbières, à la base des calcaires à échinides; nous avons nous-même examiné ses échantillons. Il se trouve là, comme en Algérie, avec le *Cyphosoma Archiaci*, dont les exemplaires recueillis à Medjès et aux Tamarins sont bien identiques avec ceux si abondants que l'on rencontre à Montferrand.

L'*Ammonites texanus* habite également l'horizon des couches à *Micraster brevis*. Il a été signalé dans de nombreuses localités, et nous en avons recueilli à Rennes un fragment que nous n'avons pas osé identifier, mais qui présente bien les caractères de l'espèce.

D'autres espèces, comme *Janira quadricostata, Ostrea proboscidea, O. santonensis, Cidaris subvesiculosa, Orthopsis miliaris*, etc., se montrent également dans l'horizon du *Micraster brevis*, mais elles persistent dans les horizons supérieurs. En cela la situation est tout à fait semblable en Algérie, car la plupart de ces fossiles remontent jusque dans le dordonien.

Les zones supérieures du santonien de Medjès sont caractérisées surtout par la prédominance des espèces suivantes : *Vulsella turonensis, Ostrea Boucheroni, O. Costei, O. semiplana, O. Peroni, O. cadierensis*, etc. A ces espèces on pourrait ajouter un grand nombre de moules de gastéropodes qui nous paraissent avoir des identiques parfaits, dans les calcaires marneux du Castellet ou de Rennes-les-Bains.

Le *Vulsella turonensis* habite dans la Provence les couches supérieures au provencien de M. Coquand. Il en est de même des *Ostrea Costei, O. cadierensis*, etc. L'*Ostrea Peroni*, cette petite espèce si abondante à Medjès et à Bordj-bou-Arreridj, se retrouve incontestablement dans les marnes du Moutin, au-dessus des hippurites. Nous en avons examiné des exemplaires dans les collections de M. Toucas et de M. l'abbé Michalet, qui sont parfaitement conformes aux types de l'Algérie. Cette même petite espèce, d'ailleurs, se retrouve également à Saint-Paterne dans la Touraine.

L'*Ostrea cadierensis* n'avait pas encore été signalé en Algérie. Les exemplaires très nombreux de cette espèce paraissent avoir été attribués soit à l'*O. plicifera*, soit à l'*Ostrea Matheroni*. Nos recherches nous ont permis de réunir un nombre considérable d'individus de cette espèce, et nous sommes convaincu de leur identité avec les types de la Cadière et des calcaires marneux du Castellet.

Il y a donc, comme on le voit, entre le santonien supérieur d'Algérie et le santonien de M. Coquand, dans le midi, des relations paléontologiques, qui paraissent suffisantes pour qu'on puisse considérer ces horizons comme sensiblement synchroniques.

L'ensemble des couches marneuses que nous avons réunies sous le nom d'étage campanien, forme la continuation immédiate des couches précédentes. Il n'y a entre ces deux séries aucune séparation et celle que nous y avons introduite n'a d'autre but que d'en faciliter l'étude. Notre faune campanienne n'a que peu de rapports avec celle du campanien de la Charente. Presque toutes les espèces sont nouvelles ou spéciales à l'Algérie. L'*Ostrea vesicularis*, cependant, est commune aux deux contrées.

C'est là un point d'appui dont la solidité peut être d'autant mieux récusée, que cette espèce existe incontestablement en France à desniveaux bien distincts. Quelques autres espèces encore, mais médiocrement probantes, coexistent dans les deux pays ; ce sont notamment le *Fusus Espaillaci*, le *Pholadomya royana*, le *Pinna cretacea*, et enfin plusieurs autres citées par M. Coquand

Avec ces mollusques ont apparu en Algérie de nombreux échinides, parmi lesquels aucune espèce n'est connue en France. Il convient cependant de tenir un compte sérieux de l'apparition du genre *Hemipneustes*. Ce genre, en effet, si caractéristique de la craie supérieure, aussi bien dans le nord que dans la Charente et dans les Pyrénées, donne une certaine probabilité de correspondance entre les couches qui nous occupent et l'horizon des *Hemip-*

neustes dans ces divers pays. Les deux espèces connues en Algérie ne sont, à la vérité, ni celles de Gensac ou d'Ausseing, ni celle du Limbourg ; mais comme il est admis maintenant par tous les géologues que ces dernières espèces sont contemporaines, il ne paraît pas impossible d'étendre ce synchronisme aux marnes à *Hemipneustes africanus* et *H. Delettrei.*

Nous devons avouer cependant qu'il nous reste quelques doutes à ce sujet. En général, dans les environs de Maëstricht aussi bien que dans les Charentes, les *Hemipneustes* occupent presque les dernières couches du terrain crétacé. Nous n'aurions pas alors dans ces pays l'équivalent de notre dordonien si puissant du Kef-Matrek. Dans les Pyrénées nous voyons bien, au-dessus des calcaires à *Hemipneustes*, se dérouler les couches du garumnien de M. Leymerie, mais ces couches garumniennes, pas plus que la craie de Faxœ, ni le calcaire pisolithique, ne présentent aucun lien, aucune analogie avec le dordonien d'Algérie. C'est seulement avec les couches des Charentes, immédiatement inférieures aux *Hemipneustes*, que notre étage a des liens sérieux.

Ainsi que nous l'avons dit, les grands calcaires superposés en Algérie à l'horizon des *Hemipneustes* renferment dans l'est de nombreux inocérames, parmi lesquels, les *I. Cripsi, I. Goldfussi,* etc. Dans l'ouest, c'est une faune différente, très riche en échinides, mais n'offrant aucune forme connue. Dans les couches moyennes de l'étage, au contraire, nous rencontrons un certain nombre d'espèces précieuses qui nous permettent quelques rapprochements. Telles sont les *Nautilus Dekayi, Voluta Lahayesi, Nerita rugosa* (*Otostoma ponticum*), *Ostrea Matheroni* (type des Charentes), *Ostrea larva, Cidaris subvesiculosa, Orthopsis miliaris.*

En dehors de ces deux dernières espèces, qui habitent presque tous les horizons de la craie, les autres sont caractéristiques du dordonien des Charentes. Elles se rencontrent en général avec les *Hemipneustes* et non pas beaucoup au-dessus comme en Algérie.

Il serait donc nécessaire d'admettre ici un dédoublement ou plutôt un magnifique épanouissement de l'étage dordonien avec quelques modifications dans l'époque d'apparition des diverses espèces de cette époque.

En ce qui concerne maintenant notre dordonien supérieur d'Algérie, c'est-à-dire les zones à *Ostrea Aucapitainei*, à *Ostrea Overwegi*, etc. de Medjès, à quelle partie de la série française peut-on les rapporter ? Nous déclarons n'être aucunement fixé à ce sujet. L'absence de toute espèce connue, de tout point de repère ne nous permet aucun rapprochement plausible. On peut conjecturer seulement, d'après la position de ces assises, d'après leur jonction avec les couches tertiaires inférieures et d'après la continuité parfaite de tout cet ensemble, que ce dordonien supérieur peut représenter le calcaire pisolithique ou la craie de Faxæ et le garumnien supérieur (craie du Turo) de M. Leymerie.

DESCRIPTION DES ESPÈCES.

ÉTAGE SANTONIEN.

HOLASTER JULLIENI, Peron et Gauthier, 1884.

Pl. I, fig. 1-3.

Longueur, 33 mill. — Largeur, 31 mill — Hauteur, 20 mill.

Espèce de taille moyenne, à peu près aussi large en arrière qu'en avant, plus dilatée et arrondie au milieu de la longueur, à face postérieure tronquée, légèrement sinueuse, à dessous à peu près plat, à bord demi-tranchant. La face supérieure est assez renflée et forme une courbe régulière dont le point culminant est à l'apex, un peu plus déclive à la partie antérieure.

Sommet excentrique en avant. Appareil apical allongé et etroit, assez médiocrement développé pour le genre. Les deux plaques génitales antérieures sont petites, et celle de droite, qui porte le corps madréporiforme, n'est pas plus développée que l'autre ; les postérieures sont plus grandes. Les plaques ocellaires sont réduites, mais elles sont bien régulièrement intercalées entre les plaques génitales ; les pores en sont très-petits, tandis que les pores oviducaux sont au contraire d'assez grande dimension.

Ambulacre impair étroit, logé dans un sillon nettement dessiné, mais peu profond près du sommet, s'élargissant et se creusant régulièrement jusqu'au pourtour qu'il échancre sensiblement. Les pores sont petits, arrondis, très serrés l'un contre l'autre, disposés obliquement en paires assez distantes, mais qui se voient bien jusqu'au pourtour.

Ambulacres pairs antérieurs flexùeux et peu élargis, montrant deux zones de pores très différentes. Celle qui est en avant est extrêmement étroite, filiforme près du sommet ; les pores sont très petits, arrondis d'abord, et ne s'allongent un peu qu'à l'extrémité inférieure, où ils ont une tendance à se disposer en chevrons. La zone postérieure est plus développée ; les pores sont inégaux, plus allongés en arrière, acuminés à la partie interne. Arrivée à peu près à la moitié de la hauteur du test, cette zone se rétrécit, les pores se rapprochent et finissent, comme ceux de l'autre zone, par se disposer en chevrons. L'espace intermédiaire est à peu près aussi large que la plus développée des deux zones.

Ambulacres postérieurs semblables aux antérieurs, un peu plus courts et moins flexueux ; mais la disposition des pores et des zones est exactement la même.

Périprocte assez grand, placé au sommet de l'aire anale, qui est verticale, large et légèrement évidée au milieu.

Péristome invisible sur notre unique exemplaire.

Rapports et différences.—L'*Holaster Jullieni*, par sa forme élargie en avant et en arrière, par son pourtour presque tranchant, son dessous à peu près plat, se rapproche de l'*H. Desclozeauxi ;* mais les deux espèces sont faciles à distinguer. Celle que nous décrivons a le pourtour régulièrement ovale, plus dilaté au milieu, la face postérieure plus large. Le sillon de l'ambulacre impair est plus nettement circonscrit, plus étroit et échancre plus sensiblement l'ambitus. Le périprocte est placé plus haut, l'appareil apical est plus excentrique en avant ; les ambulacres pairs sont tout différents, car ils sont plus étroits, et présentent des zones de pores bien plus inégales, surtout les antérieures, qui sont réduites dans l'*H. Jullieni* à la plus extrême exiguité.

Localité. — L'unique exemplaire que nous ayons pu étudier a été recueilli par M. Jullien aux Tamarins (Mezab-el-Messaï). Etage santonien.

Collection Jullien.

Explication des Figures. — Pl. I, fig. 1, *Holaster Jullieni*, vu de côté ; fig. 2, face sup. ; fig. 3, aires antérieures et sommet grossis.

Echinocorys vulgaris, d'Orbigny.

Cette espèce a été citée par M. Coquand dans son catalogue de 1862, et dans celui de 1880. Nous n'avons jamais eu l'occasion de la voir dans aucune collection algérienne.

Micraster Peini, Coquand, 1862.

Micraster Peini, Coquand, *Mém. de la Soc. d'émul. de la Prov.*, t. II, p. 245, pl.
XXVII, fig 1-3, 1862.
— — Peron, *Notice sur les environs d'Aumale, Bull. de la Soc géol.*,
t. XXVII, p. 704.

Espèce d'assez grande taille, aussi large que longue, fortement renflée, ayant son point culminant à peu près au sommet ambulacraire. De là le profil supérieur forme une courbe qui s'abaisse vers l'arrière en suivant une carène arquée ; la partie antérieure descend brusquement, et le bord est relativement aminci. Dessous convexe, surtout dans la région du plastron interambulacraire.

Appareil apical trapézoïde ; le corps madréporiforme occupe la partie centrale et présente une apparence spongieuse. Ambulacre impair logé dans un sillon peu profond et étroit, échancrant médiocrement le bord. La partie porifère est assez semblable à celle des autres ambulacres ; elle est seulement moins longue et moins large, les pores externes sont horizontaux, allongés et acuminés, les internes presque ronds et conjugués avec les autres par un sillon. Chaque paire est séparée de sa voisine par un petit bourrelet portant une rangée de granules très serrés. L'espace interporifère est rempli par des granules encore plus petits, et séparé en deux parties par la ligne suturale, qui forme un léger sillon.

Ambulacres pairs droits, arrondis à l'extrémité, longs et larges, logés dans des sillons de profondeur moyenne. Les postérieurs sont plus courts que les antérieurs. Zones porifères égales, composées de pores inégaux, les externes étant plus longs que les internes ; tous sont acuminés intérieurement et réunis par un fort sillon. Le bourrelet bien accentué qui sépare les paires de pores, est couvert d'une rangée de sept ou huit petits granules. Dans la partie interporifère, ces rangées semblent se dédoubler et former chacune deux séries de granules plus petits. La suture médiane sépare cette région granuleuse et renflée, ainsi que tout le pétale, en deux parties, par un sillon bien visible.

Péristome assez éloigné du bord, avec lèvre postérieure fortement saillante.

Périprocte arrondi, à peine ovale, situé au sommet de la troncature postérieure, à peu près à moitié de la hauteur totale de l'oursin.

Tubercules assez nombreux, uniformes en dessus, médiocrement développés, plus gros à la partie inférieure. Une granulation très dense et homogène remplit les intervalles.

Fasciole subanal large et bien marqué. Dans les exemplaires bien conservés, la granulation devient plus fine et plus serrée autour des pétales ambulacraires, au point de former une bande que l'œil peut suivre facilement, et qui ressemble à un fasciole péripétale. Cependant les tubercules ne sont pas interrompus et traversent régulièrement cette bande. Ce n'est donc pas un fasciole véritable, mais une simple tendance. Nous avons déjà signalé ce fait pour certains *Epiaster*; mais c'est la première fois, croyons-nous, qu'on le constate dans le genre *Micraster*. A une époque où l'on conteste si facilement le fasciole subanal de certaines espèces attribuées à ce genre, il est bon de préciser que dans notre espèce algérienne, non seulement le fasciole subanal existe, mais qu'il y a en outre comme un rudiment de fasciole péripétale.

Rapports et différences. — L'espèce européenne qu'on peut le mieux comparer au *M. Peini*, est le *M. brevis*, Desor, des Corbières. Les deux espèces se distinguent de leurs congénères par l'ampleur des ambulacres, et surtout des ambulacres postérieurs. Dans l'espèce algérienne, les ambulacres sont plus larges et aussi longs, plus pétaloïdes, sans être mieux fermés à l'extrémité; le périprocte est placé plus haut; la partie postérieure est plus rétrécie et plus épaisse; le bord antérieur est plus mince par suite de la plus grande proclivité de la face supérieure; la forme générale est plus volontiers gibbeuse. Ce sont deux types voisins, mais qu'il est facile de distinguer.

Localité. — R'fana, près de Tébessa; — Sud du Kef ben Alia, près la route de Boghari à Laghouat; — Aumale, près de l'abattoir; — Environs de Berouaguiah. Etage santonien.

Collections Coquand, Peron, service des Mines à Alger.

MICRASTER INCISUS, Coquand, 1880.

MICRASTER INCISUS, Coquand, *Bull. de l'Acad. d'Hippone*, p. 272, 1880.

Nous devons à l'obligeance de M. Coquand d'avoir pu examiner l'exemplaire unique désigné sous ce nom, et que l'auteur a publié sans en donner de figures. Nous en avons eu nous-même connaissance trop tard pour pouvoir le faire dessiner. C'est un échinide de taille assez grande, bien conservé à la partie supérieure, mais dont la partie postérieure est écrasée, et ne permet pas de constater s'il y a ou non un fasciole sous-anal. Dès lors, cette espèce peut aussi bien être un *Epiaster* qu'un *Micraster*, et l'examen des ambulacres nous la ferait plutôt rapporter au premier de ces genres.

Cet exemplaire a été recueilli, selon M. Coquand, au confluent de l'oued Cheib, dans les assises santoniennes.

AUTRES ESPÈCES DE MICRASTER CITÉES EN ALGÉRIE.

MICRASTER BREVIS, Coquand, 1862. — Djebel Karkar, Toumiettes, R'fana, Constantine. Étage santonien. — 1880, environs de Tebessa. Étages mornasien et provencien.

Les quelques exemplaires que nous avons vus parmi ceux qui sont attribués à cette espèce, sont dans un état de déformation qui empêche toute dénomination certaine.

MICRASTER GIBBUS, Coquand, 1862. Tebessa.

MICRASTER MICHELINI, Desor, 1858. Craie à Hippurites de Chettabah. — Coq. Et. Santonien, 1880.

Nous n'avons aucune donnée certaine sur la présence de ces deux espèces en Algérie.

MICRASTER COR-ANGUINUM, Nicaise. Étage campanien de Kef ben Alia.

C'est sans doute le *Micraster Peini* que nous avons cité dans cette localité.

MICRASTER FOURNELI, Cot. M. Brossard, dans son essai sur la constitution géologique de la subdivision de Sétif, cite un *Micraster Fourneli*, Cot.

Nous n'avons aucune connaissance d'une espèce de ce nom.

HEMIASTER FOURNELI, Deshayes, 1848.

Pl. II, fig. 1-8.

HEMIASTER FOURNELI, Deshayes, *in* Agassiz et Desor, *Cat. raisonné des Echin.*, p. 123, 1848.

                    Moules en plâtre, T. 7, T. 37, T. 47.

—   —   Bayle, *in* Fournel, *Richesse minéral. de l'Algérie*, p. 374, pl. XVIII, fig. 37-39, 1849.

                    d'Orbigny, (*pars*), *Paléont. franç.*, Terrains crétacés, t. VI, p. 234, exclus la pl. 877, 1854.

—   —   Ville, *Notice minéralogique*, p. 143, 1757.

PERIASTER FOURNELI, Desor, *Synopsis des Echin.*, p. 383, pl. XLII, fig. 5, 1858.

—   —   Coquand, *Mém. de la Soc. d'Emul. de la Prov.*, t. II, p. 299, pl. XXVI, fig. 12-14, exclus 15 et 16.

HEMIASTER FOURNELI, Peron, *Bull. Soc. géol.*, t XXIII, p. 704, 1866.

PERIASTER FOURNELI, Brossard, *Const. de la subdiv. de Sétif*, *Mém. de la Soc. géol.*, p. 237 et 242, 1867.

HEMIASTER FOURNELI, Hardouin, *Bull. Soc. géol.*, 2ᵉ série, t. XXV, p. 340, 1868.

—   —   Ville, *Bassin du Hodna*, p. 96, 1868.

—   —   Lartet, *Paléont. de la Palestine*, pl. XII, 1869.

—   —   Peron, *Bull. Soc. géol.*, t. XXVII, p. 599, 1870.

PERIASTER FOURNELI, Nicaise, *Cat. des anim. foss. de la prov. d'Alger*, p. 70, 1870.

HEMIASTER FOURNELI, VILLE, *Exploration du Beni Mzab*, p. 179, 180, 181, 1872.

MICRASTER FOURNELI, Quenstedt, *Die Echiniden*, p. 662, pl 88, fig. 36, 1875.

HEMIASTER FOURNELI, Coquand, *Bull. de l Acad. d'Hippone*, nᵒ 15, p. 252, 1880.

Espèce de taille moyenne, ovale, renflée à la partie supérieure, plus ou moins allongée, tronquée en arrière, bombée en dessous, très sensiblement échancrée en avant.

Sommet à peu près central. Appareil apical large, peu allongé. Les pores oviducaux très rapprochés d'arrière en avant, sont beaucoup plus distants dans le sens transversal. Corps madréporiforme peu développé, d'apparence spongieuse, et légèrement rejeté en arrière.

Ambulacre impair logé dans un sillon assez profond, large et régulier, entamant sensiblement l'ambitus. Pores presque ronds, symétriquement disposés, séparés par un renflement granuliforme. L'espace qui sépare les deux rangées est large et couvert d'une granulation abondante et assez homogène.

Ambulacres pairs longs et larges, logés dans des sillons bien définis et assez profonds, les postérieurs un peu plus courts et plus étroits que les antérieurs. Zones porifères égales et subflexueuses. Pores allongés, égaux, fortement conjugués par un sillon. Le petit bourrelet qui sépare les paires de pores, est orné d'une rangée de granules très délicats. L'espace qui sépare les deux séries est moins large que l'une des zones porifères. Au-delà de la partie pétaloïde, les aires ambulacraires se prolongent très visiblement à fleur de test, et forment à la partie inférieure de larges bandes convergeant vers la bouche.

Péristome placé au quart antérieur, presque ovale, fortement labié en arrière, situé dans une dépression peu étendue.

Périprocte ovale, acuminé aux extrémités, ordinairement de dimensions médiocres, s'ouvrant à la face postérieure, presque au sommet d'une area assez vaguement circonscrite.

Tubercules abondants et uniformes en dessus, plus rares et un peu plus gros en dessous, entourés d'une granulation fine et très dense.

Fasciole péripétale large, bien visible partout, et formant en arrière des pétales pairs antérieurs un pli très constant, pour se diriger vers les pétales postérieurs.

Variétés. — Le type que nous venons de décrire est celui qui a été figuré pour la première fois dans l'ouvrage de Fournel. M. Bayle a eu l'obligeance de nous communiquer les deux exemplaires qui ont été figurés, et qui appartiennent à l'École des Mines, et dès lors l'authenticité de notre modèle n'est pas contestable. Mais ce type est loin d'être invariable. L'extrême abondance des matériaux que nous avons eus entre les mains, nous a conduits à rapporter à la même espèce, des individus en apparence assez divergents, mais qui présentent les caractères principaux de l'*H. Fourneli*, et que d'autres exemplaires, formant des transitions successives, ne nous permettaient plus de classer à part. C'est ainsi que nous distinguons plusieurs variétés :

1° Une variété allongée, qu'on rencontre dans toutes les localités importantes, et surtout à Medjès où elle domine. Le test perd un peu en largeur ce qu'il gagne en longueur ; la hauteur est modérée ; les ambulacres semblent un peu plus grands ; mais les autres caractères rentrent dans la règle générale.

2° Une variété très renflée, beaucoup plus courte que la précédente. On la trouve à tous les âges, et c'est aux Tamarins qu'elle est le plus fréquente. Les ambulacres sont un peu plus larges, mais il y a des exceptions ; la hauteur atteint, dans quelques individus, une telle exagération, que l'on n'hésiterait nullement à y voir une espèce nouvelle, si des exemplaires moins divergents ne ramenaient insensiblement au type moyen.

3° Une variété à troncature postérieure plus oblique. Ce caractère est peu tranché ; et, même dans les individus où il est le plus prononcé, la physionomie ne change pas considérablement. Toutefois, comme cette variété existe, nous avons cru devoir la signaler.

Il faut ajouter encore d'assez fréquentes variations dans l'écartement plus ou moins considérable des ambulacres postérieurs, dans la profondeur et la largeur des sillons ambulacraires, que l'on rencontre à chaque instant et dans le type moyen et dans les exemplaires exagérés. L'âge apporte aussi des modifications dignes d'être appréciées ; les grands individus deviennent parfois gibbeux ; les sillons ambulacraires s'élargissent, la face supérieure est plus tourmentée. Nous avons déjà signalé ces particularités dans les exemplaires recueillis à Batna ; on en rencontre de parfaitement conformes à Medjès. Dans les autres localités, les grands échantillons sont généralement moins grimaçants ; à Djelfa, quelques-uns s'allongent sans gagner en hauteur ; d'autres, et ce sont les plus nombreux, sont semblables aux grands individus de Medjès.

M. Coquand admet trois variétés principales de l'*H. Fourneli*(1); ce ne sont pas les mêmes que les nôtres. Pour le type moyen, le vrai, nous sommes parfaitement d'accord ; mais M. Coquand y ajoute : 1° La variété *Refanensis*. Nous en avons fait le type d'une espèce nouvelle : c'est notre *Hemiaster latigrunda*, publié dans notre fascicule précédent, cité par M. Coquand lui-même (2), qui, ne connaissant pas encore nos planches, n'a pas vu qu'il reproduisait sous un autre nom une espèce que nous avions décrite quelques mois auparavant. Cette confusion, du reste, nous a apporté son enseignement ; car il résulte du rapproche-

(1) *Bull. de l'Acad. d'Hippone*, p. 252 et suiv.
(2) *Loc. cit.*, p. 269.

ment de notre savant collègue un fait que nous nous empressons de constater : c'est que l'*Hem. latigrunda* que nous avons recueilli dans le turonien se trouve aussi dans le santonien.

2° La variété *ambiguus*. La plupart des exemplaires ainsi désignés rentrent dans ce que nous avons appelé la variété renflée ; les autres sont des types intermédiaires entre l'*Hem. Fourneli* et l'*Hem. latigrunda*. Comme M. Coquand, nous reconnaissons qu'il est parfois bien difficile de savoir à laquelle des deux espèces on doit les rattacher.

3° La variété *saulcyanus*. D'Orbigny à décrit sous ce nom une espèce particulière provenant d'Egypte. La figure qu'il a donnée de cet échinide dans la *Paléontologie*, nous a laissé longtemps perplexes. Nous supposions qu'on pouvait y rapporter certains exemplaires qu'on trouve avec l'*Hem. Fourneli*, surtout dans les environs de Mezab-el-Messaï, et tantôt nous penchions à les réunir à cette dernière espèce, avec laquelle ils ont certainement des affinités, tantôt, frappés des différences assez notables qui les distinguent, nous en faisions une espèce distincte.

L'examen du type de d'Orbigny, qui est au Muséum, nous a tirés d'embarras. L'étiquette qui l'accompagne indique cinq exemplaires, et la boîte, en effet, contient trois fragments peu déterminables et deux exemplaires entiers. L'un de ceux-ci est indubitablement notre *Hem. latigrunda* ; l'autre, désigné comme type figuré, est bien conforme au dessin donné dans la *Paléontologie*, du moins pour la face supérieure, car la face inférieure est empâtée, et le dessinateur qui l'a représentée a dû se servir bien plus de son imagination que de ses yeux. C'est du reste un type bien distinct, qui ne peut pas rentrer dans l'*Hem. Fourneli*, et qui doit conserver le nom d'*Hem. saulcyanus*. Mais il n'est pas possible d'y réunir les exemplaires dont nous parlons ; et comme ils s'éloignent de l'*Hem. Fourneli* par des caractères importants, nous en avons fait une espèce nouvelle que nous décrivons à la suite, sous le nom d'*Hem. Messaï*.

Rapports et différences. — M. Quenstedt a dit (1) que le *Micraster* (*sic*) *Fourneli*, quand il est de grande taille, s'appelle *Hemiaster*

_____

(1) **Die Echiniden.** — *Loc. cit.*

Batnensis. Si M. Quenstedt avait eu sous les yeux des exemplaires
authentiques de ces deux espèces, il n'aurait pas prononcé un
jugement aussi aventureux; car c'est justement dans le grand
âge que les deux types diffèrent le plus et se distinguent facilement. Néanmoins c'est bien à l'*Hemiaster Batnensis* qu'il faut comparer l'*Hem. Fourneli*. L'une et l'autre espèce joue dans l'horizon
bien différent qu'elle occupe, un rôle prépondérant qui domine
toutes les autres. Toutes deux sont représentées par un nombre
considérable d'individus; toutes deux offrent de notables variations et semblent être la souche d'où se sont détachées la
plupart des espèces qui les accompagnent. Elles ont, surtout les
jeunes, une assez grande affinité de formes; cependant il est
toujours facile de distinguer l'*Hem. Fourneli* à sa forme moins
rectangulaire, plus rétrécie à la partie postérieure, à son sommet
plus central, moins rejeté en arrière, à son appareil apical
moins resserré, avec pores oviducaux plus écartés, à son aire
anale moins évidée. Que l'un soit la descendance de l'autre, c'est
possible; mais le temps y a apporté des modifications telles, que
les deux types ne peuvent plus être réunis. Nous ne parlerons
pas ici des différences qui distinguent l'*Hem. Fourneli* des autres
espèces santoniennes, nous les préciserons en parlant de chacune
de ces espèces.

Histoire. — Le type de l'*Hem. Fourneli*, très exactement figuré
par M. Bayle, dans l'ouvrage de Fournel, d'après des exemplaires
rapportés d'Algérie, a néanmoins donné lieu à bien des confusions. D'Orbigny lui a rapporté à tort un petit oursin qu'on trouve
dans le cénomanien de la Gueule d'Enfer, près des Martigues,
dont M. Desor a fait depuis l'*Hem. Orbignyanus*. Dans le *Synopsis*,
l'espèce change de genre, et se trouve classée parmi les *Periaster*,
par suite d'un malentendu dont nous n'avons pu retrouver clairement l'origine. La figure donnée dans cet ouvrage même n'indique
pas de fasciole latéral ; et M. Desor déclare dans une note que
c'est d'Orbigny qui a reconnu que quelques exemplaires, entre
autres ceux d'Algérie, sont pourvus d'un double fasciole. Nous
n'avons rien lu de semblable dans la *Paléontologie Française*, dont
l'auteur semble plutôt affirmer le contraire (1). En 1862, M. Co-

(1) Tome VI, p. 235.

quand, sur la foi de M. Desor, a inscrit également l'espèce parmi les *Periaster* ; et, dans les figures (1), il a ajouté au type la représentation de la variété dont nous avons fait l'*Hem. latigrunda*. Notre savant collègue a, depuis, reconnu son erreur, et dans son dernier catalogue (2), l'espèce ne figure plus parmi les *Periaster*. M. Brossard, en 1867, Nicaise, en 1870, n'ont fait que reproduire le nom de genre, accepté par MM. Desor et Coquand. M. Quenstedt, chez qui la confusion des genres est systématique, range cette espèce parmi les *Micraster* dans son texte, parmi les *Periaster* dans ses planches, et l'assimile à l'*Hemiaster Batnensis*. On a confondu l'*Hem. Fourneli* avec le *Linthia oblonga*, qui se rencontre en France et en Algérie ; mais dès 1864, M. Hébert s'est élevé contre cette erreur, et a montré que les deux espèces étaient bien distinctes (3). Ces confusions sont dues pour la plupart à l'insuffisance des matériaux et à l'incertitude des gisements. Dans le nombre considérable d'individus que nous avons pu étudier, aucun ne nous a présenté la moindre trace de fasciole latéral ; il ne peut subsister à ce sujet aucune incertitude ; l'espèce appartient bien au genre *Hemiaster* et ne saurait en être distraite.

Localité. — La confusion n'a pas été moins grande pour l'horizon géologique que pour les rapports génériques. Ville place l'espèce dans la craie chloritée (4) ; M. Hardoin la cite également dans le cénomanien. Pour d'Orbigny, M. Desor, et ceux qui les ont reproduits, elle appartient à l'étage turonien. M. Coquand, en 1862, la mettait dans son mornasien, erreur qu'il a corrigée depuis. En réalité, l'*Hem. Fourneli* caractérise les couches supérieures aux hippurites, c'est-à-dire qu'il appartient nettement à l'étage santonien ; il n'a jamais été rencontré plus bas d'une manière authentique, sauf peut-être à Batna, où, comme nous l'avons dit dans notre fascicule précédent, l'espèce semble se montrer à un niveau inférieur. Encore conservons-nous des doutes à cet égard. On l'a recueillie à Mezab-el-Messaï (les Tamarins),

(1) *Loc. cit.*, fig. 15-16.
(2) *Bull. de l'Acad. d'Hippone, loc. cit.*
(3) *Bull. de la Soc. géolog.*, t. XXII, p. 193.
(4) Plus tard (1868). (Bassin du Hodna). Ville cite également l'espèce dans les couches d'Aïn-Touta qu'il place dans la craie blanche.

à Medjès-el-Foukani, Tebessa, Trik-Karetta, Oued-Chabro, Amamra, Bordj-bou-Areridj, Djebel-Mzeita, Krenchela (?) (département de Constantine) ; sur les bords de l'oued Djelfa, Djebel-Senalba, marabout de Sidi Sliman, Oued Neça, Aumale ? (département d'Alger).

On a encore signalé la présence de l'*Hem. Fourneli* en Egypte, en Portugal ; mais il nous est impossible de nous prononcer à ce sujet, car nous ne connaissons pas les exemplaires provenant de ces localités. M. Lartet le cite en Palestine.

Toutes les collections d'Échinides algériens.

EXPLICATION DES FIGURES. — Pl. II, fig. 1, *Hemiaster Fourneli*, type de Djelfa, de la collection de M. Gauthier, vu de côté ; fig. 2, face sup. ; fig. 3, *Hem. Fourneli*, type allongé de Medjès, de la collection de M. Peron, vu de côté ; fig. 4, face inf. ; fig. 5, autre exempl. de Medjès, vu de la face sup. ; fig. 6, type des Tamarins, de la collection de M. Peron, vu de côté ; fig. 7, face sup. ; fig. 8, individu plus jeune de la même localité, variété élevée, vu sur la face sup.

HEMIASTER MESSAI, Peron et Gauthier, 1881.

Pl. IV, fig. 2-5.

HEMIASTER FOURNELI (*pars.*), Coquand, *Bull. de l'Acad. d'Hippone*, p. 252, 1880.

Longueur.	Largeur.	Hauteur.
41 mill	40 mill	25 mill.
35	32	21

Espèce ordinairement déprimée, à pourtour polygonal, médiocrement échancrée en avant, tronquée obtusément en arrière, convexe en dessous. La face supérieure est fortement accidentée par suite de la largeur et de la longueur des sillons ambulacraires.

Appareil apical court et très large. Les pores oviducaux, qui se touchent presque dans le sens de la longueur, sont séparés par un intervalle de quatre millimètres en largeur, les postérieurs étant encore plus distants que les autres. Le corps madréporiforme occupe le côté droit et le centre de l'appareil.

Ambulacre impair logé dans un large sillon, qui se rétrécit un peu au pourtour. Pores nombreux, virgulaires, obliquement disposés, séparés par un fort renflement granuliforme. L'espace interporifère est occupé par une granulation très fine et homogène.

Ambulacres pairs placés dans des sillons larges et profonds, s'étendant jusqu'au pourtour. Les postérieurs sont un peu moins longs. Zones porifères larges et égales, composées de pores allongés, acuminés à la partie interne, conjugués par un petit sillon.

Les étroits bourrelets qui séparent les paires sont couverts d'une série de petits granules. L'espace interporifère est resserré et granuleux. Dans les ambulacres antérieurs, la zone qui est en avant est infléchie, et plus étroite près du sommet que près du bord.

Péristome situé au quart antérieur, labié en arrière, de forme semi-lunaire, à peu près à fleur de test.

Périprocte petit, ovale, situé au sommet d'une area entourée de nodosités, et qui occupe une grande partie de la face postérieure.

Tubercules nombreux, petits et uniformes en dessus, plus gros et plus distants en dessous. Fasciole péripétale assez large, sinueux sur les côtés, passant à l'extrémité des ambulacres.

Rapports et différences. — Le type que nous venons de décrire est, au premier aspect, bien différent de l'*Hem. Fourneli*. La forme est plus déprimée, l'appareil apical plus large, le sillon antérieur plus dilaté surtout au milieu, le pourtour plus polygonal, l'aspect général moins allongé. Cependant nous avons longtemps hésité à séparer les deux espèces. En effet, à notre type se rattachent certaines variétés plus élevées qui, par degrés successifs, semblent conduire au véritable *Hem. Fourneli*. Mais il en est ainsi de tous les *Hemiaster* de cet horizon, et nous avons déjà parlé de cette particularité dans l'article précédent. Nous comprenons bien que quelques auteurs n'aient vu dans ce type qu'une variété de l'*Hem. Fourneli* ; pour nous, nous avons cru devoir tenir compte des différences notables que l'on constate dans le plus grand nombre des individus. Une remarque importante d'ailleurs, c'est que l'*Hem. Messal* ne se rencontre point partout où se trouve l'*Hem. Fourneli*. A Medjès, où cette dernière espèce est si abondante, nous n'avons pas trouvé un seul représentant

5

bien caractérisé de l'espèce qui nous occupe. Il en est de même à Djelfa, d'où M. Le Mesle a rapporté plusieurs centaines d'exemplaires ; aucun ne reproduit exactement le type de l'*Hem. Messaï*. Cette considération a bien sa valeur ; car elle montre que l'une des deux espèces ne produit pas nécessairement l'autre. Comparé à l'*Hem. Saulcyanus* d'Orbigny, l'*Hem. Messaï* est moins allongé, moins échancré en avant par le sillon ambulacraire ; les ambulacres postérieurs sont plus courts, la face supérieure est plus tourmentée ; la partie postérieure tronquée plus obtusément. Ce sont deux types bien certainement différents, pour quiconque a vu l'exemplaire original de d'Orbigny.

Localité. — Mezab-el-Messaï (les Tamarins) (1), Tebessa, Trik-Karetta (département de Constantine). Assez commun.

Étage santonien.

Collections Coquand, Peron, Gautier, Cotteau, de Loriol, Le Mesle.

Explication des Figures. — Pl. IV, fig. 2, *Hemiaster Messaï*, de la collection de M. Peron, vu de côté ; fig. 3, face supérieure ; fig. 4, face inférieure ; fig, 5, appareil apical et aire ambulacraire antérieure grossis.

Hemiaster asperatus, Peron et Gauthier, 1881.

Pl. I, fig. 4-7.

Dimensions......	Longueur, 36 mill.	Largeur, 34 mill.	Hauteur, 22 mill.
Autre exempl... .	— 32	— 30	— 19

Espèce de taille moyenne, plus ou moins allongée, généralement peu élevée, fortement sinueuse en avant, tronquée presque verticalement en arrière ; dessous légèrement convexe.

Sommet excentrique en avant. Appareil apical large et peu allongé : les pores oviducaux se touchent presque dans le sens de la longueur. Le corps madréporiforme occupe le centre ; les plaques ocellaires sont rejetées complétement en dehors des plaques génitales.

---

(1) Cette localité est la même que Ville a désignée sous le nom d'Aïn-Touta. On la désigne encore sous le nom de Nza-ben-Messaï.

Ambulacre impair droit, logé dans un sillon régulier, assez étroit et profond, qui échancre fortement le bord antérieur. Les pores sont petits et obliquement disposés, séparés par un renflement granuliforme. L'espace interporifère est couvert d'une granulation homogène jusqu'à moitié de la distance entre le sommet et le bord ; plus bas les granules sont entremêlés de petits tubercules.

Ambulacres pairs logés dans des sillons peu creusés, assez étroits, mal limités à l'extrémité des pétales. Ils sont longs, presque égaux, les antérieurs excédant à peine l'étendue des postérieurs. Zones porifères égales, portant des pores allongés, égaux, acuminés à la partie interne. Les paires sont séparées par une rangée de petits granules. L'espace interporifère, moins large que l'une des zones, paraît lisse, et porte à peine quelques granules microscopiques.

Péristome assez rapproché du bord, avec lèvre postérieure saillante.

Périprocte largement ouvert, presque rond, au sommet d'une area ovale, entourée de nodosités.

Fasciole péripétale non sinueux, allant directement d'une extrémité à l'autre des pétales, passant à la partie antérieure très près du bord.

Les tubercules qui couvrent le test, sans être bien développés, sont plus saillants que dans les espèces voisines ; quelques exemplaires même offrent sous ce rapport un aspect tout particulier. Les granules sont homogènes, assez serrés, et forment des cercles autour des tubercules.

Rapports et différences. — L'*Hemiaster asperatus* nous a paru se distinguer constamment de l'*H. Fourneli*, avec lequel on le rencontre, par sa forme moins renflée, par ses ambulacres postérieurs plus longs, plus égaux aux antérieurs, par les sillons ambulacraires moins creusés et plus étroits, par son sinus antérieur échancrant plus fortement le test, par son périprocte plus grand et plus arrondi, par son test plus tuberculeux, et enfin par son fasciole non sinueux, allant directement de l'extrémité des pétales antérieurs à celle des pétales postérieurs, tandis que dans l'*H. Fourneli,* il y a toujours un pli très accentué qui rapproche le fasciole de l'apex. Nous possédons six exemplaires, tous bien conservés, et reproduisant avec une grande persistance les différences que nous venons de signaler.

Localité. — Les Tamarins.

Étage santonien.

Collections Peron, Coquand.

Explication des Figures. — Pl. I, fig. 4, *Hemiaster asperatus*, de la collection de M. Peron, vu de côté; fig. 5, face supérieure; fig. 6, face inférieure; fig. 7, aires ambulacraires et sommet grossis.

Hemiaster Bibansensis, Peron et Gauthier, 1881.

Pl. III, fig. 6-7.

Dimensions... Longueur, 32 mill. Largeur, 28 mill. Hauteur, 17 mill.
Autre exempl.. — 38 — 33 — 19

Espèce de taille moyenne, allongée, peu élevée. rétrécie, tronquée obliquement et déprimée à la partie postérieure, fortement noduleuse en avant, plate en dessous. La plus grande hauteur est en arrière de l'apex.

Sommet très excentrique en avant. Appareil apical de proportions moyennes, avec corps madréporiforme assez saillant, d'apparence spongieuse, et occupant à peu près le milieu. Les autres plaques génitales sont finement granuleuses, et les pores oviducaux sont entourés d'un léger bourrelet.

Ambulacre impair logé dans un sillon évasé, mais assez profond, échancrant sensiblement l'ambitus, et se prolongeant jusqu'au péristome. Les pores sont petits, allongés, fortement obliques entre eux, et séparés par une grosse verrue. L'espace interporifere est à peu près nu; on y distingue à peine quelques granules indécis; plus bas, vers l'ambitus, on aperçoit quelques tubercules.

Ambulacres pairs larges et très longs, logés dans des sillons de profondeur moyenne, évasés et s'étendant jusqu'au pourtour. Ils présentent cette disposition tout exceptionnelle, due à l'excentricité de l'apex, que les antérieurs sont sensiblement plus courts que les postérieurs; ces derniers sont infléchis à l'extrémité.

Zones porifères larges et égales, portant des pores allongés, acuminés à l'extrémité interne, à peu près égaux entre eux. Les
paires sont séparées par un petit bourrelet, qui montre une rangée
de granules dans les séries externes ; mais dans les séries internes, ces granules sont remplacés par quelques stries très fines
et parallèles aux pores. L'espace interporifère est plus étroit que
l'une des zones et paraît nu. A la face inférieure, les ambulacres
sont continués par une bande lisse, bien distincte, assez large,
où l'on aperçoit difficilement quelques paires de pores espacées.

Péristome situé assez près du bord antérieur. Il est arrondi
et n'offre en arrière qu'une lèvre peu proéminente, ou mal conservée dans nos exemplaires.

Périprocte ovale, placé au sommet de la face postérieure qui
est très oblique et très basse. L'aire anale est à peine distincte.

Fasciole péripétale étroit, sinueux à l'extrémité des ambulacres, passant en avant tout près du bord.

Tubercules médiocrement développés et peu nombreux à la
partie supérieure. Ils sont également peu serrés en dessous,
n'augmentent guère de volume, et semblent cantonnés en cinq
régions, par suite de la séparation que produisent les bandes
lisses des allées ambulacraires. Les granules sont petits et irrégulièrement disposés autour des tubercules.

Rapports et différences. — L'*Hemiaster bibansensis* présente un
type bien facile à distinguer de tous ses congénères, par sa
forme allongée, rétrécie en arrière, peu élevée, par son sommet
très excentrique en avant, par ses ambulacres postérieurs plus
longs que les antérieurs. Des nombreuses espèces d'*Hemiaster*
que nous avons décrites, aucune ne rappelle cette physionomie
exceptionnelle. Seuls quelques exemplaires jeunes de l'*Epiaster
Vatonnei*, dont le sommet apical est aussi excentrique en avant,
ont quelque analogie de forme avec les individus qui nous
occupent ; mais, outre la présence d'un fasciole péripétale, qui
établit tout d'abord une séparation complète entre les deux types,
les ressemblances de forme ne sont qu'apparentes, car l'*Epiaster
Vatonnei* est plus large en avant, moins déprimé à la partie postérieure, et d'ailleurs nous ne parlons ici que des jeunes de cette
espèce, les adultes présentant des différences bien plus considé-

rables. Aucun type européen, à notre connaissance du moins, ne saurait non plus être comparé à notre *Hem. bibansensis*; car outre l'excentricité de l'apex, nous ne croyons pas qu'on ait jamais signalé, ni en France, ni ailleurs, un type du genre présentant un pareil développement des ambulacres postérieurs. Ceux qui ont créé le genre *Hemiaster* l'avaient nommé ainsi à cause de la grande différence qu'ils remarquaient entre les pétales antérieurs et postérieurs, ces derniers étant presque nuls dans les premières espèces décrites. Ici la proportion est complétement renversée, et le nom générique lui-même n'offre guère qu'un contre-sens.

LOCALITÉ. — L'*Hemiaster bibansensis* a été recueilli par l'un de nous au sud des Bibans, ou Portes de Fer, près du village de Mansourah, à vingt kilomètres à l'ouest de Bordj-bou-Areridj (département de Constantine).

Etage santonien.

Collection Peron.

EXPLICATION DES FIGURES. — Pl. III, fig. 6, *Hemiaster bibansensis*, de la collection de M. Peron, vu de côté ; fig. 7, face supérieure.

HEMIASTER KSABENSIS, Peron et Gauthier, 1881.

Pl. III, fig. 1-5.

Dimensions.....	Longueur, 30 mill.	Largeur, 29,5.	Hauteur, 20 mill.
Autre exempl...	— 24	— 23	— 18

Espèce de taille plutôt petite que moyenne, cordiforme, presque aussi large que longue, à partie supérieure convexe, à pourtour polygonal, renflée en dessous, assez profondément échancrée, fortement rétrécie en arrière.

Sommet excentrique en avant. Appareil apical trapézoïde, presque carré, les pores oviducaux postérieurs étant un peu plus écartés que les autres en largeur ; corps madréporiforme d'apparence spongieuse, occupant le centre ; les pores ocellaires sont presque aussi gros que les autres.

Ambulacre impair logé dans un sillon assez étroit et profond, bordé de nodosités, entamant profondément l'ambitus, et bien marqué jusqu'au péristome, Pores petits, très obliques réciproquement, séparés dans chaque paire par une forte verrue. L'espace interporifère est couvert par une granulation grossière et irrégulièrement disséminée.

Ambulacres pairs placés dans des sillons profonds, bien limités, s'étendant presque jusqu'au bord. Ils sont égaux en longueur, peu divergents en arrière. Zones porifères égales entre elles, larges, portant des pores allongés, conjugués par un léger sillon, à peu près également développés dans chaque rangée. Les paires sont séparées par un petit bourrelet qui porte une rangée horizontale de granules.

Péristome médiocrement éloigné du bord, placé au quart antérieur, subpentagonal, terminé en arrière par une petite lèvre proéminente. Il est situé dans une dépression du test assez sensible.

Périprocte placé au sommet de la face postérieure, qui est presque verticale, entouré d'une area ovale et circonscrite par des nodosités.

Tubercules relativement assez développés, à peu près régulièrement répandus sur la face inférieure et serrés, plus espacés en dessous et plus gros. Une granulation fine occupe les intervalles, et forme des cercles plus ou moins complets autour des tubercules.

Fasciole péripétale légèrement sinueux, rétréci à l'arrière.

Rapports et différences. — Par ses ambulacres très longs, l'*Hemiaster ksabensis* rappelle l'*H. bibansensis;* mais il en diffère par les sillons plus étroits et plus profonds qui renferment ses ambulacres, par ses pétales postérieurs égaux aux antérieurs et non plus longs, par son sommet apical moins excentrique en avant, par sa partie postérieure moins déprimée, par sa face inférieure moins plate. Il se rapproche bien plus de certaines variétés de l'*H. Fourneli* avec lequel on le rencontre dans une seule localité. Il nous a paru s'en distinguer constamment par sa partie postérieure beaucoup plus rétrécie, par ses sillons ambulacraires plus profonds et plus étroits, par ses ambulacres postérieurs plus longs, plus égaux aux antérieurs, moins divergents; par son péristome moins superficiel, par son pourtour plus

polygonal, par sa partie antérieure plus noduleuse. Il ne nous a
pas été possible de considérer ce type comme une variété de l'*H.
Fourneli*.

Localité. — Medjès-el-Foukani, sur les rives de l'oued Ksab.
Assez commun. Étage santonien. Nous ferons remarquer que les
autres gisements de l'*H. Fourneli*, les Tamarins, l'oued Djelfa, etc.,
ne donnent pas l'*H. ksabensis*, malgré l'extrême variété des
formes qu'on y rencontre.

Collections Peron, Gauthier, Cotteau.

Explication des Figures. — Pl. III, fig. 1, *Hemiaster ksabensis*,
de la collection de M. Peron, vu de côté ; fig. 2, face supérieure ;
fig. 3, face inférieure ; fig. 4, face anale ; fig. 5, aire ambulacraire antérieure grossie.

Hemiaster Thomasi, Peron et Gauthier, 1881.

Pl. III, fig. 8 et pl. IV, fig. 1.

Espèce de grande taille, épaisse, dilatée, dont la largeur égale
ou même excède la longueur, à face supérieure arrondie, déclive en avant, à partie postérieure rétrécie et tronquée carrément.
Dessous à peu près plat, sauf le renflement du plastron interambulacraire. La plus grande largeur est à peine en arrière de
l'endroit où aboutissent les ambulacres pairs antérieurs ; la plus
grande épaisseur est en arrière de l'apex.

Sommet à peu près central. Appareil apical médiocrement
développé. Les pores oviducaux, largement ouverts, sont éloignés
dans le sens de la largeur. Le corps madréporiforme occupe tout
le milieu, et affecte un aspect pentagonal ; toutes les plaques de
l'appareil sont granuleuses.

Ambulacre impair logé dans un sillon assez large et profond
dès le sommet, échancrant fortement l'ambitus. Les pores sont
légèrement allongés, obliques, séparés par un fort renflement
granuliforme ; les paires sont assez rapprochées, mais elles
s'espacent beaucoup plus vers le bord inférieur. Le fond du sillon
est très granuleux, et renferme des tubercules scrobiculés assez
serrés les uns contre les autres.

Ambulacres pairs longs, larges et logés dans de profonds sillons parfaitement limités, les antérieurs un peu plus longs que les postérieurs. Zones porifères égales ; pores relativement peu allongés, presque égaux, les externes un peu plus développés, conjugués par un sillon. Les paires, très rapprochées, sont séparées par un petit bourrelet qui porte une rangée de granules. L'espace interporifère est plus large que l'une des zones, et paraît à peu près lisse.

Péristome médiocrement éloigné du bord, au quart antérieur de la longueur totale, placé dans une légère dépression, largement ouvert avec lèvre postérieure saillante.

Périprocte ovale, situé au sommet d'une aire verticale, élargie, et bordée de protubérances peu accentuées.

Tubercules nombreux, irrégulièrement disséminés sur toute la face supérieure, plus serrés au pourtour, plus gros et plus espacés autour du péristome. Ils sont nettement scrobiculés, très apparents à la face inférieure, inégaux, et entourés d'une granulation dense et fortement accusée qui couvre tout le test.

Fasciole péripétale assez large, flexueux, passant à l'extrémité des ambulacres, partout bien visible.

Rapports et différences. — La grande taille de l'*Hemiaster Thomasi*, sa forme élargie, son épaisseur, ses ambulacres divergents et logés dans de profonds sillons bien limités, lui donnent une physionomie toute particulière, qui ne permet pas de le confondre avec ses congénères. Il est complétement différent de toutes nos espèces algériennes. Les grands individus de l'*Hem. Fourneli*, qui pourraient lui être comparés, se distinguent à première vue par leur aspect plus allongé, par leurs ambulacres moins divergents, par leur granulation plus fine, par leurs sillons ambulacraires plus évasés et finissant moins brusquement à l'extrémité inférieure. Les *Hem. auressensis* et *krenchelensis*, que nous avons décrits précédemment ne sauraient non plus être rapprochés de l'espèce qui nous occupe ; les grands individus de l'*Hem. latigrunda* s'en éloignent encore davantage par leur forme encore plus allongée, par leur face supérieure plus tourmentée, leurs sillons ambulacraires finissant d'une manière plus indéterminée, leur pourtour bien plus anguleux. Les espèces européennes ne nous offrent rien que nous puissions rapprocher de l'*Hem. Thomasi* : c'est un type bien distinct.

LOCALITÉ. — L'*Hemiaster Thomasi* se trouve dans le nord
algérien. Les trois exemplaires que nous avons entre les mains
proviennent des environs de Berouaguiah, où ils ont été recueillis
par M. Thomas, à trois kilomètres au sud-est de la Smalah des
Spahis, et nous nous faisons un plaisir de dédier cette espèce à
notre zélé correspondant. Étage santonien, avec *Micraster Peini*.
L'un de nous a recueilli près de l'abattoir d'Aumale de nombreux
Hemiaster très déformés et empâtés dans la gangue, qui nous
paraissent se rapporter à la même espèce.

Collection Thomas.

EXPLICATION DES FIGURES. — Pl. III, fig. 8, *Hemiaster Thomasi*,
vu de côté, de la collection de M. Thomas. Pl. IV, fig. 1, le
même, vu sur la face supérieure.

RÉSUMÉ SUR LES HEMIASTER.

L'étage santonien nous a fourni sept espèces appartenant au
genre *Hemiaster*: *H. Fourneli*, *H. latigrunda*, *H. Messaï*, *H. asperatus*, *H. ksabensis*, *H. bibansensis*, *H. Thomasi*.

Deux s'étaient déjà montrés dans l'étage turonien : *H. Fourneli*
et *H. latigrunda*, ce dernier décrit dans notre précédent fascicule.
Les cinq autres n'ont pas été rencontrés jusqu'à présent à un
niveau inférieur au santonien. Un seul, *H. Fourneli*, avait été
décrit avant nos travaux.

Toutes ces espèces sont étrangères à la faune européenne,
sauf peut-être l'*H. Fourneli* qui a été signalé en Portugal. Quatre
se rencontrent dans le département d'Alger : *H. Fourneli*, *bibansensis*, *Thomasi*, *latigrunda* (1 exemplaire à Djelfa).

Cinq dans le département de Constantine : *H. Fourneli*, *Messaï*,
asperatus, *latigrunda*, *ksabensis*.

M. Coquand a cité en outre l'*H. nasutulus* (1) Sorignet, mais
nous n'avons pu trouver aucune trace certaine de la présence
de cette espèce en Algérie.

Le même auteur a créé une espèce nouvelle (2), *H. distractus*
dont nous avons eu connaissance trop tard pour l'étudier fruc-

(1) *Mém. de la Soc. d'Emul.*, p. 305, et *Bullet. de l'Acad. d'Hippone*, p 417.
(2) *Bull. de l'Acad. d'Hippone*, p 258.

tueusement, et qui est malheureusement publié sans figures. Les rapports sont ainsi caractérisés : « Cette espèce qui ressemble à l'*H. Fourneli* (variété *saulcyanus*), s'en sépare facilement par son pourtour presque arrondi, non polygonal, par sa forme plus déprimée, par ses ambulacres moins larges, moins profonds, ainsi que par l'exiguité relative de ses ambulacres postérieurs, beaucoup plus courts et surtout moins divergents. »

LINTHIA DURANDI, Peron et Gauthier, 1881.

Pl. IV, fig. 6-9, pl. V, fig. 1.

Dimensions....... Longueur, 22 mill. Largeur, 21 mill. Hauteur 15 mill.
Autre exempl..... 43   42   27

Espèce de taille moyenne, renflée, épaisse, carénée à la partie supérieure entre l'apex et le périprocte, abrupte en avant, haute et tronquée presque verticalement en arrière, dessous presque plat.

Sommet central. Appareil apical petit, trapézoïde ; pores oviducaux largement ouverts, les postérieurs plus écartés entre eux. Ambulacre impair logé dans un sillon bien défini, assez profond près du sommet, s'atténuant au pourtour et n'entamant que médiocrement le bord. Les pores sont séparés par une forte verrue, les externes arrondis, les internes plus allongés et obliques. L'espace interporifère est assez étroit.

Ambulacres pairs droits, à peu près fermés à l'extrémité, les antérieurs très divergents et à peine plus longs que les postérieurs. Zones porifères égales, larges, portant deux rangées de pores égaux, allongés, acuminés à la partie interne, conjugués par un petit sillon. Les paires de pores sont séparées par un léger bourrelet orné d'une rangée de fins granules. L'espace interporifère paraît nu, et d'ailleurs est très étroit.

Péristome peu éloigné du bord, à fleur de test, subarrondi en avant, terminé en arrière par une lèvre saillante.

Périprocte placé très haut sur la face inférieure, au sommet d'une area triangulaire.

Fasciole péripétale assez large, passant à l'extrémité des pétales ambulacraires. Un peu en arrière des ambulacres pairs

antérieurs se détache un autre fasciole latéral, aussi large que le
premier. Malheureusement l'état un peu corrodé de nos exemplaires ne nous a pas permis de suivre partout ce second fasciole,
dont la présence est incontestable, et qui se distingue facilement
sur les parties conservées.

Tubercules disséminés assez régulièrement à la partie supérieure et paraissant à peine augmenter de volume en dessous.

Rapports et différences. — Le *Linthia Durandi* se rapproche un
peu, comme forme générale, du *Linthia elata (Periaster*, d'Orb.) ;
il en diffère par sa forme moins élevée, plus allongée, par sa
face postérieure moins oblique et moins rostrée, par ses ambulacres pairs moins inégaux. On peut aussi le comparer au *L.
oblonga* ; il est plus élevé, plus épais, la face antérieure est beaucoup plus abrupte, la partie postérieure beaucoup plus verticale,
les zones porifères sont plus larges. Notre espèce semble tenir le
milieu entre les deux types que nous venons de citer. Elle se
rapproche encore plus du *L. Verneuili* : elle est moins allongée,
plus pulvinée au pourtour ; les ambulacres sont plus longs en
arrière, les pores plus égaux et plus allongés, le sillon antérieur
est plus profond près du sommet ; le fasciole latéral est aussi
plus large. Nous ne croyons pas qu'on puisse réunir ces deux
espèces.

LOCALITÉ. — Les exemplaires que nous avons pu étudier ont
été recueillis par M. Durand à quelque distance de Laghouat,
dans la longue crête dolomitique de Mecied, qui s'étend de Brésina à quelques kilomètres nord-ouest d'Helmaïa, avec *Otostoma
Fourneli* et *Cyphosoma Maresi*.

Étage santonien.

Collections Durand, Gauthier, Le Mesle.

EXPLICATION DES FIGURES. — Pl. IV, fig. 6, *Linthia Durandi*,
individu jeune, de la collection de M. Durand, vu de côté ; fig. 7,
face sup. ; fig. 8, face inf. ; fig. 9, face anale. Pl. V, fig. 1, *Linthia Durandi*, individu de grande taille, de la collection de M.
Gauthier, vu de côté.

ECHINOBRISSUS JULIENI, Coquand, 1862.

ECHINOBRISSUS JULIENI, Coquand, *Mém. de la Soc d'Emul. de la Provence*, t. II, p. 252, pl. XXVIII, fig. 5-7, 1862.

—   —   Brossard, *Essai sur la conttitution de la subdivision de Sétif*, p. 237 et p. 242, *Mém. de la Soc géol. de France*, 1867.

—   —   Peron, *Bull. de la Soc. géol. de France*, t. XXVII, p 160, 1870.

—   —   Coquand, *Bull. de l'Acad. d'Hippone*, p. 419, 1880.

Espèce de taille moyenne, peu élevée, presque ovale, légèrement rétrécie en avant, un peu élargie et sinueuse en arrière. Face supérieure renflée, plus rapidement déclive à la partie postérieure, avec point culminant à l'apex ; bord arrondi, dessous concave autour du péristome.

Sommet excentrique en avant. Appareil apical peu développé ; le corps madréporiforme occupe le centre. Ambulacres à peu près égaux, les postérieurs un peu plus longs que les autres. Ils sont nettement pétaloïdes, presque fermés à l'extrémité, élargis au milieu, parfois un peu saillants. Zones porifères égales, larges, composées de pores inégaux, les externes acuminés et un peu allongés, les internes à peu près ronds ; ils sont conjugués par un petit sillon bien visible. L'espace interporifère est à peine plus large que l'une des zones.

Péristome excentrique en avant, nettement pentagonal, plus ou moins largement ouvert, mais toujours grand, orné de phyllodes et de bourrelets.

Périprocte situé loin du sommet, à l'extrémité supérieure d'un sillon allongé qui prend naissance à la limite des ambulacres postérieurs et descend presque jusqu'au bord, sans l'atteindre cependant.

Tubercules petits, serrés, scrobiculés, plus développés et moins nombreux en dessous. Des granules très fins remplissent l'espace intermédiaire. Une bande lisse accompagne la suture médiane de l'interambulacre impair, depuis le péristome jusqu'au bord postérieur.

L'*Echinobrissus Julieni* présente quelques variations peu importantes. Les exemplaires provenant de Medjès ont parfois les ambulacres un peu plus étroits que ceux des Tamarins. La grandeur du péristome est, dans une même localité, tantôt plus, tantôt moins considérable ; quelques individus sont un peu plus renflés à la face supérieure ; mais tous ces caractères ne portent point atteinte à l'unité du type qui est constant.

Rapports et différences. — Nous ne voyons guère d'espèces européennes qu'on puisse comparer à l'*Echinobrissus Julieni*. Le peu de développement du sillon anal, son éloignement du sommet, les bourrelets et les phyllodes bien dessinés qui entourent le péristome, la bande lisse qui va de ce dernier au bord postérieur, sont autant de caractères qui font distinguer facilement l'espèce qui nous occupe. Comparé aux types algériens, l'*Ech Julieni* ressemble aux grands individus de l'*Ech. angustior* recueillis au Bou-Khaïl ; mais ces derniers se distinguent facilement par leur sillon anal plus développé, leur bord moins épais, leur partie inférieure moins concave et leur péristome moins grand.

Localité. — Mezab-el-Messaï (les Tamarins), Medjès-el-Foukani,(département de Constantine), Djelfa, (département d'Alger). Abondant. — Étage santonien. On rencontre aussi cette espèce dans le campanien.

M. Ledou l'a recueillie dans un sondage en Tunisie, au Chott-Djerid.

Collections Coquand, Cotteau, Peron, Gauthier, Le Mesle, de Loriol.

Echinobrissus pseudominimus, Peron et Gauthier, 1884.

Pl. V, fig. 2-7.

Dimensions	Longueur, 14 mill.	Largeur, 12 mill.	Hauteur, 7 mill.
Autres exempl¦	— 15	— 13	— 8
—	— 19	— 15	— 9

Echinobrissus minor, Coquand, *Mém. de la Soc, d'Émul.*, t. 11, p. 307, 1862.
— minimus, Brossard, *Mém. Soc. géol. de France. — Essai sur la constitution géologique de la subdivision de Sétif*, p. 237, 1867 et 127.
— — Nicaise, *Cat. des anim. foss.*, p. 80, 1870.
— minor, Peron, *Bull. Soc. géol. de France*, t. XXVII, p. 600, 1870.

Espèce de petite taille, allongée, plus large en arrière qu'en avant, arrondie en dessus, parfois même gibbeuse, par suite plus ou moins déclive à la partie antérieure; bord renflé, dessous concave.

Sommet fortement excentrique en avant. Appareil apical petit, montrant quatre pores oviducaux, dont les postérieurs sont plus écartés que les autres, et cinq pores ocellaires beaucoup moins ouverts. Le corps madréporiforme occupe le centre.

Ambulacres pétaloïdes, acuminés aux extrémités, n'excédant guère en longueur la moitié de l'espace compris entre l'apex et le bord. Zones porifères relativement assez larges, formées de pores presque égaux, les internes ronds, les externes un peu plus allongés et obliques. Ils sont conjugués par un léger sillon qui disparaît sur les exemplaires un peu frustes. L'espace interpori-fère est peu étendu et marqué de petits granules scrobiculés, comme ceux qui couvrent tout le test. Le prolongement des aires ambulacraires au-delà des pétales est bien visible; elles sont alors étroites, égales partout, bordées de paires peu nombreuses de pores très exigus, et se dirigeant en ligne droite vers le péristome.

Péristome excentrique en avant, situé dans une dépression sensible, plus large que long, nettement pentagonal. Les pores ambulacraires se resserrent en y aboutissant, et forment une étoile bien marquée. Il n'y a point de bourrelets.

Périprocte situé à la face postérieure, à peu près à égale distance entre le bord et le sommet; il s'ouvre au fond d'un sillon allongé, plus ou moins étroit, à peine acuminé aux extrémités, ne descendant pas jusqu'au bord.

Granulation assez serrée, offrant partout de petits granules scrobiculés, plus gros et moins nombreux à la face inférieure. Une petite bande lisse rudimentaire va du péristome au bord postérieur.

Remarque. — Ceux de nos exemplaires dont le test se trouve un peu usé, paraissent appartenir de plein droit au genre *Nucleolites,* c'est-à-dire que les pores ambulacraires semblent arrondis et non conjugués. Mais il n'en est plus ainsi quand la conservation est meilleure; le sillon qui réunit les pores est bien visible, et les pores extérieurs sont plus allongés. Le même fait se reproduit pour tous les types du genre *Nucleolites* que nous avons pu bien étudier ; il n'y a que les individus un peu frustes dont les pores soient complètement ronds et inconjugués. Aussi, croyons-nous qu'il est peu utile de maintenir un genre qui n'a été conservé que pour ne pas laisser tomber un nom familier à beaucoup d'auteurs.

Rapports et différences. — L'*Echinobrissus pseudominimus* offre, surtout dans sa hauteur, quelques variations de forme qu'il est bon de faire remarquer. Les exemplaires provenant de Medjès sont souvent de taille un peu plus forte ; le bord est parfois plus épais, le dessus moins renflé, plus uniforme. Les exemplaires des environs de Laghouat, au contraire, ont une tendance à prendre un aspect gibbeux à la face supérieure ; le sillon péri-proctal semble un peu plus étroit ; mais les individus recueillis aux Tamarins servent d'intermédiaires et relient complétement ces variétés entre elles. D'ailleurs tous les exemplaires provenant des localités que nous venons de citer ne présentent pas un carac-tère exceptionnel ; le type moyen est toujours le plus abondant, et les divergences ne sont pas assez accusées pour qu'il y ait lieu d'y voir des espèces différentes. Parmi les *Echinobrissus* algériens, l'*E. angustior* a quelque ressemblance avec l'*E. pseudominimus* ; mais il est plus large, moins épais, moins allongé, et on ne sau-rait les confondre. Parmi les espèces européennes voisines de forme, l'*E. placentula* Desor, se distingue par sa partie anté-rieure plus élargie, ses ambulacres plus ouverts à l'extrémité. L'*E. Roberti* d'Orbigny est plus voisin encore : il est moins rétréci en avant, moins creusé en dessous ; le péristome n'est pas penta-gonal, et n'est pas entouré de phyllodes de pores. C'est avec l'*Ech. minimus (Nucleolites)* qu'on rencontre dans le santonien de France, et surtout avec les exemplaires provenant des Martigues que l'*E. pseudominimus* a le plus de rapports, et plusieurs auteurs ont cru y voir la même espèce. Il nous semble qu'on ne doit pas les confondre. Les exemplaires d'Algérie atteignent d'abord une taille plus grande ; les pétales ambulacraires sont plus aigus, les pores plus fortement conjugués, les pores buccaux beaucoup plus visibles, la forme toujours un peu plus allongée, le péristome plus grand et plus nettement pentagonal. Ces différences nous paraissent suffisantes pour établir une distinction spécifique ; toutefois nous devons reconnaître que les rapports sont nombreux : la position de l'apex et de la bouche, le sillon du périprocte et jusqu'aux variations de forme sont les mêmes dans les deux espèces. Même la petite raie lisse que nous avons signalée entre le péristome et le bord postérieur se retrouve sur quelques-uns des exemplaires provençaux. Aussi comprenons-nous que quelques auteurs, plus frappés de ces affinités que des différences, aient réuni les deux types que nous séparons.

LOCALITÉ. — Le Tamarin, Medjès-el-Foukani, Mecied, Krenchela, Oued-Djelfa. Etage santonien.

Collections Gauthier, Durand, Peron, Le Mesle, Coquand, Cotteau.

EXPLICATION DES FIGURES. — Pl. V, fig. 2, *Echinobrissus pseudominimus*, de la collection de M. Peron, vu de côté ; fig. 3, face sup. ; fig. 4, face inf. ; fig. 5, aire ambulacraire grossie ; fig. 6, portion de la face inférieure grossie, montrant la ligne médiane plus finement granuleuse ; fig. 7, individu jeune, de la coll. de M. Gauthier, vu sur la face supérieure.

ECHINOBRISSUS TRIGONOPYGUS, Cotteau, 1864.

ECHINOBRISSUS TRIGONOPYGUS, Cotteau, *Echin. nouv. ou peu connus*, p. 102, pl. XIII, fig. 11-13. — *Revue et Mag. de Zoologie*, 1864.

Espèce de taille moyenne, peu épaisse, arrondie et légèrement rétrécie en avant, un peu plus large en arrière où le bord est assez mince, concave en dessous. La partie supérieure est plus ou moins renflée, et la courbe du profil est assez uniforme jusqu'à la face postérieure, qui descend plus vite et obliquement. Ce dernier caractère est sujet à quelques variations, la face postérieure étant plus ou moins distincte, selon que le test à cet endroit est plus ou moins épais. Le point culminant est toujours à l'apex.

Sommet excentrique en avant. Appareil apical peu développé ; les quatres pores génitaux entourent le corps madréporiforme qui occupe tout le centre.

6

Ambulacres pétaloïdes, presque fermés à l'extrémité. L'antérieur est le plus long de tous ; il est aussi moins élargi au milieu que les deux pétales pairs antérieurs. Les quatre ambulacres pairs sont généralement égaux en longueur. Zones porifères assez larges, composées de pores inégaux, les externes plus longs que les internes, tous acuminés, conjugués par un sillon bien visible. L'espace interporifère est légèrement renflé, et couvert de tubercules réguliers et serrés.

Péristome excentrique en avant, pentagonal, entouré de bourrelets peu saillants, et d'une étoile porifère bien marquée.

Périprocte situé à la face supérieure, très éloigné du sommet, largement ouvert, de forme triangulaire, à l'extrémité d'un sillon peu accentué, évasé, et qui produit une légère ondulation au bord postérieur.

Tubercules identiques à ceux de tous les congénères, fins, serrés, homogènes, scrobiculés, un peu plus gros à la partie inférieure. Une bande lisse suit la suture médiane du péristome au bord postérieur (1).

Rapports et différences. — Cette espèce a été décrite en premier lieu par l'un de nous, qui n'avait à sa disposition qu'un exemplaire. M. Cotteau faisait remarquer alors que les caractères de cet échinide ne concordaient pas toujours complétement avec ceux de ses congénères, et il trouvait à l'*Ech. trigonopygus* quelque ressemblance avec les *Stigmatopygus* de d'Orbigny (*Cyrthoma* M'Clelland), sans pouvoir cependant le ranger définitivement parmi ceux-ci. Des matériaux bien plus abondants nous ont montré, depuis, que l'*Ech. trigonopygus* est le premier terme d'une

(1) Cette raie lisse, dont l'importance comme organe nous échappe, se retrouve à peu près dans tous les *Echinobrissus* de la craie supérieure de l'Algérie. Elle suit la suture médiane du plastron interambulacraire. Nous en avons déjà constaté la présence dans l'*Ech. Julieni* et l'*Ech. pseudominimus*. Elle existe aussi dans quelques types recueillis en France, dans l'*Ech. minimus* des Martigues, et surtout dans une petite espèce encore inédite, qu'on rencontre dans le turonien du vallon des Jeannots, près de Cassis, et du Revest, près de Toulon. D'autres genres possèdent aussi cette raie lisse. Elle est très accentuée dans les *Pygorhynchus*, où on la compte comme caractère générique ; elle se remarque aussi sur quelques *Echinolampas*, mais non sur tous, ce qui montre assez qu'il n'en faut tenir compte que dans les distinctions spécifiques,

série fort nombreuse spéciale à l'Algérie, dont les rapports génériques nous ont fort embarrassés. Nous reviendrons avec plus de détails sur cette question quand nous décrirons l'*Ech. sitifensis* Coquand, qui est le type le plus caractérisé de ce groupe. Pour le moment il nous suffira de dire que l'*Ech. trigonopygus* se distingue facilement de tous ses congénères par ses pétales ambulacraires allongés, par son test peu élevé, et surtout par la forme triangulaire de son périprocte et le sillon indécis en haut duquel il est situé.

Localité. — Rive gauche de l'oued Djelfa et de l'oued Sidi-Sliman. Étage santonien. La localité de Batna, indiquée avec doute dans la *Paléontologie française*, est une erreur. L'espèce est très abondante au nord de Djelfa ; nous en avons eu entre les mains plus de cent exemplaires bien conservés, dûs aux recherches de M. Le Mesle.

Collections Schlumberger, Le Mesle, Gauthier, Peron, Cotteau, Coquand, de Loriol.

ECHINOBRISSUS FOSSULA, Peron et Gauthier, 1884.

Pl. V, fig. 8-11.

Dimensions : Longueur, 29 mill. Largeur, 26 mill. Hauteur, 13 mill.

Espèce d'assez grande taille, un peu élargie en arrière, arrondie en dessus, rapidement déclive à la partie postérieure ; bord assez épais, dessous concave autour du péristome.

Sommet excentrique en avant. Ambulacres peu développés, subpétaloïdes, ouverts à l'extrémité, à peu près égaux, sauf l'antérieur qui est un peu plus court que les autres. Zones porifères étroites, composées de pores presque semblables, les externes un peu plus allongés et obliques, les internes irrégulièrement arrondis ; ils sont conjugués par un sillon bien visible. L'espace intermédiaire, légèrement renflé, est aussi large que les deux zones réunies, et se resserre à peine à l'extrémité. Il est couvert de granules semblables à ceux de tout le test.

Péristome excentrique en avant, situé dans une dépression assez sensible, entouré de rangées de pores qui s'avancent assez loin dans les avenues ambulacraires ; la forme du péristome même n'est pas facile à distinguer sur notre exemplaire.

Périprocte s'ouvrant à la partie postérieure, dans un sillon dont la longueur excède un centimètre, étroit, égal partout, montant jusqu'à l'extrémité des pétales ambulacraires, et descendant jusque près du bord, sans cependant l'entamer.

Tubercules petits, scrobiculés, nombreux sur tout le test, augmentant à peine de volume à la face inférieure.

Rapports et différences. — L'*Echinobrissus fossula* se rapproche de l'*Echin. Julieni* par sa forme générale. Il s'en distingue par sa partie antérieure un peu plus élargie, par son bord plus épais, par ses pétales ambulacraires plus ouverts à l'extrémité, par son sillon anal beaucoup plus allongé, plus étroit et plus rapproché du bord. Bien que nous ne possédions qu'un exemplaire, il nous paraît former un type parfaitement distinct. Il rappelle aussi l'*Echin. rotundus* que nous avons décrit dans l'étage cénomanien, mais les caractères différentiels sont encore bien plus tranchés ; il est plus étroit en avant, beaucoup moins épais, plus creusé à la partie inférieure ; les ambulacres sont moins développés, et le sillon anal est plus long et plus étroit.

Localité. — Medjès-el-Foukani. Étage santonien.

Collection Peron.

Explication des Figures. — Pl. V, fig. 8, *Echinobrissus fossula*, de la coll. de M. Peron, vu de côté ; fig. 9, face sup.; fig. 10, face inf.; fig. 11, aire ambulacraire impaire grossie.

Echinobrissus inæquiflos, Peron et Gauthier, 1884.

Pl. V, fig. 12-15.

Dimensions · Longueur, 25 mill. Largeur, 20 mill. Hauteur, 11 mill

Espèce de taille moyenne, arrondie et fortement rétrécie en avant, élargie et déprimée en arrière, concave en dessous.

Sommet très excentrique en avant. Ambulacres pétaloïdes, presque fermés. Les pétales ambulacraires offrent une disposition remarquable : ils sont inégaux ; les deux postérieurs sont les plus longs ; les deux pétales antérieurs pairs sont plus courts même que le pétale impair. La disposition des zones porifères est aussi assez insolite dans ce genre. Dans les ambulacres pairs antérieurs, elles présentent l'aspect d'un petit arc allongé, dont la zone antérieure serait la corde tendue et l'autre la partie recourbée. De plus, ces deux pétales antérieurs sont complétement perpendiculaires à l'ambulacre impair, comme dans les *Brissus* et les *Prenaster*. Les autres pétales ont la forme lancéolée ordinaire. Les pores sont petits, inégaux, conjugués par un sillon, les externes plus longs que les autres.

Péristome pentagonal, entouré de floscelles. Il est excentrique en avant, moins cependant que le sommet apical.

Périprocte assez rapproché du sommet, et, par suite de l'excentricité de celui-ci, situé loin du bord postérieur, à l'extrémité d'un sillon dont l'état de notre exemplaire ne nous permet pas de dire s'il entame le bord, ou le laisse intact.

Tubercules assez serrés à la face supérieure, moins rapprochés en dessous.

Rapports et différences. — Nous ne possédons pas un exemplaire complet de l'*Echinobrissus inæquiflos*; mais il nous a paru présenter des caractères si distincts de toutes les espèces connues, que nous n'avons pas hésité à le désigner sous un nom spécifique nouveau. L'inégalité des pétales ambulacraires, la direction perpendiculaire des ambulacres pairs antérieurs, la disposition des zones porifères dans ces mêmes ambulacres, la place excentrique qu'occupe l'apex, donnent à notre exemplaire une physionomie exceptionnelle qu'on ne rencontre dans aucun de ses congénères.

LOCALITÉ. — Djebel Mecied. Cet exemplaire a été recueilli par M. le commandant Durand, à qui nous devons de précieux matériaux, extraits avec une patience admirable de ces roches si ingrates et si difficilement accessibles. Étage santonien.

Collection Durand.

EXPLICATION DES FIGURES. Pl. V, fig. 12, *Echinobrissus inæquiflos*, de la collection de M. Durand, vu de côté; fig. 13, face sup.; fig. 14, face inf.; fig. 15, aires ambulacraires et sommet grossis.

ECHINOBRISSUS SITIFENSIS, Coquand, 1866.

Deux exemplaires de petite taille, probablement jeunes, appartenant à cette espèce ont été recueillis dans les marnes santoniennes des bords de l'oued Djelfa. L'*E. sitifensis* se rencontre
en grande abondance à un horizon plus élevé ; nous nous contentons de signaler ici sa présence dans les strates inférieures de
l'époque sénonienne, et nous en réservons la description détaillée
pour le fascicule où nous parlerons de l'horizon géologique dans
lequel cette espèce a atteint tout son développement.

RÉSUMÉ SUR LES ECHINOBRISSUS.

L'étage santonien nous a donné six espèces appartenant au
genre *Echinobrissus : Ech. Julieni, Ech. pseudominimus, Ech. trigonopygus, Ech. fossula, Ech. inæquiflos, Ech. sitifensis.*

Trois de ces espèces, *Ech. Julieni, Ech. trigonopygus, Ech.
sitifensis* avaient été décrites avant la publication du présent
ouvrage.

Elles sont toutes complétement étrangères à la faune européenne.

Deux sont communes aux départements d'Alger et de Constantine : *Ech. Julieni, Ech. pseudominimus.*

Deux sont spéciales au département d'Alger (nous ne parlons
que de l'étage santonien) : *Ech. trigonopygus, Ech. sitifensis.* Une
est spéciale au département de Constantine, *Ech. fossula.* Une au
département d'Oran, *Ech. inæquiflos.*

Aucune n'a été jusqu'à présent recueillie dans des couches
inférieures à l'étage santonien.

BOTHRIOPYGUS COQUANDI, Cotteau, 1866.

BOTHRIOPYGUS COQUANDI, Cotteau, *Echinides nouv. ou peu connus*, p. 113, pl. XV,
fig. 11-13, 1866.
—   —   Coquand, *Bull de l'Acad. d'Hippone*, p. 293, 1880.

Espèce de taille moyenne, peu élevée, à pourtour ovale,
arrondie en avant, souvent un peu plus dilatée et subrostrée en
arrière. Face supérieure renflée, ayant son point culminant à

l'apex ; bord relativement assez épais ; face inférieure concave, surtout près du péristome.

Sommet excentrique en avant. Appareil apical développé, trapézoïde, les pores postérieurs étant plus écartés que les antérieurs. Tout le milieu est occupé par le corps madréporiforme, qui est d'apparence spongieuse.

Ambulacres pétaloïdes, le plus souvent renflés, à peu près égaux. Les postérieurs sont légèrement plus longs que les autres, et s'infléchissent extérieurement à leur extrémité. Zones porifères larges. composées de pores inégaux, les externes allongés, obliques et acuminés, les internes petits et arrondis. Ils sont conjugués par un sillon qui s'efface facilement sur les exemplaires un peu frustes. L'espace interporifère est relativement large et lancéolé.

Tubercules crénelés, perforés, scrobiculés, petits et serrés à la face supérieure, plus gros et plus espacés aux approches du péristome. Granules fins, serrés, homogènes, remplissant l'espace étroit qui sépare les tubercules. Une bande lisse s'étend entre le péristome et le bord postérieur, suivant la suture du plastron interambulacraire.

Péristome excentrique en avant, placé dans une dépression du test, pentagonal, plus large que long, entouré de bourrelets à peine sensibles et d'un floscelle très apparent.

Périprocte ovale, marginal, plus porté vers la face inférieure que vers la face supérieure. Il échancre le bord de manière à être visible à la fois d'en haut et d'en bas.

Rapports et différences. — Le *Bothriopygus Coquandi* est presque un type exceptionnel dans le genre. Sa forme peu élevée, son sommet et son péristome très excentriques en avant le font distinguer facilement de ses congénères. Les phyllodes qui entourent le péristome forment un caractère remarquable, car ils sont très accentués, tandis qu'ils sont presque nuls dans la plupart des *Bothriopygus* (1). Le peu d'épaisseur du bord postérieur, qui ne permet pas au périprocte de se présenter verticalement, et le rejette un peu à la face inférieure, la bande lisse qui s'étend du

(1) De Loriol *Monog. des Echinides nummul. de l'Egypte*, p. 23, 1880.

péristome au périprocte, sont également faciles à constater, et permettent de reconnaître cette espèce à première vue. Le *Bothrio-pygus Coquandi* n'a jamais été recueilli en Europe, et on ne l'a rencontré jusqu'ici en Algérie que dans une seule région, en compagnie d'*Echinobrissus*, qui eux aussi font exception au milieu de leurs congénères.

LOCALITÉ. — Rive droite de l'oued Djelfa, entre le Rocher de Sel et Djelfa; rive gauche de l'oued Sidi-Sliman. Département d'Alger. Étage santonien. Abondant. Chott Djerid, Tunisie, recueilli dans un sondage par M. Dru.

Collections Coquand, Marès, Schlumberger, Gauthier, Cotteau, Peron, Le Mesle, de Loriol.

HOLECTYPUS SERIALIS, Deshayes, 1847.

HOLECTYPUS SERIALIS, Deshayes, *in* Agassiz et Desor, *Catalogue raisonné des Echin.*, p 88, 1847.

— — Deshayes *in* Fournel, *Richesse minéral. de l'Algérie*, t. I, p. 373, pl. XVIII, fig. 40-42, 1849.

— — d'Archiac, *Hist. des prog. de la géolog.*, tome V, p. 159, 1853.

— — Desor, *Synops. des Echin. fossiles*, p. 174, pl. XXIII, fig. 6-7, 1853.

— — Cotteau, *Paléont. franç.*, terr. crétacés, t. VII, p. 59, pl. 1017, fig. 6-12, 1861.

— — Coquand, *Mém. de la Soc. d'Emul. de la Prov.*, p. 255, pl. XXIII, fig 14-16, 1862

— — Brossard, *Recherches sur la const. géol., de la subdiv. de Sétif*, p. 237, 1867.

— — Lartet, *Paléont de la Palestine*, pl. XIII, 1869

— — Peron, *Bull. Soc géol. de Fr.*, t. XXVII, p. 599, 1870.

— — Nicaise, *Catal. des anim. foss.*, p. 71, 1870.

— — Coquand, *Bull. de l'Acad. d'Hippone*, p. 417, 1880.

Espèce d'assez grande taille, à peu près circulaire, souvent subpentagonale, plus ou moins renflée à la face supérieure, concave en dessous, avec bord arrondi, le plus souvent médiocrement épais.

Appareil apical peu développé, montrant cinq plaques génitales nettement perforées. La plaque madréporiforme occupe le centre et fait légèrement saillie. Zones porifères déprimées, extrêmement étroites, composées de pores arrondis, disposés par paires simples, très serrées en dessus, plus espacées en dessous et plus

obliques, mais ne se multipliant pas aux approches du péristome.
Aires ambulacraires à fleur de test, médiocrement larges à l'ambitus, aiguës près de l'apex. Elles portent sur chaque moitié,
selon l'âge, trois ou quatre rangées obliques de tubercules, convergeant en chevrons renversés, disposés de manière à former
aussi six ou huit rangées obliques de tubercules, pour l'aire entière. Ce nombre n'est complet qu'à la partie la plus large, les
séries extérieures atteignant seules le sommet et le péristome.

Aires ambulacraires larges, couvertes de séries à la fois horizontales et verticales de tubercules, au nombre de douze, de haut
en bas, sur les exemplaires moyens, et de dix-huit sur les plus
grands. Ces tubercules restent à peu près uniformes à la partie
supérieure. En dessous ils sont plus gros, plus espacés ; les rangées externes persistent seules ; et il reste au milieu de l'aire une
bande nue, finement granuleuse, qui s'étend presque jusqu'au
bord. Granules intermédiaires très fins, épars, inégaux, souvent
peu distincts des plus petits tubercules.

A la face inférieure, dans la partie des interambulacres qui est
voisine des zones porifères, on voit de chaque côté une rangée de
petites fossettes assez distantes, placées sur la suture des plaques,
et au fond desquelles s'ouvraient peut-être deux petits pores.
Nous ne saurions affirmer toutefois que le test soit perforé dans
toute son épaisseur. Ce caractère, qui a échappé à tous ceux qui
ont décrit cette espèce jusqu'ici, est d'une constance parfaite,
mais difficile à saisir dans les exemplaires un peu usés. Il nous
a été d'une grande utilité pour déterminer sûrement les individus
qui appartiennent à notre type spécifique.

Péristome subdécagonal, assez grand, entouré d'entailles bien
visibles.

Périprocte grand, elliptique, acuminé aux deux extrémités,
occupant à peu près tout l'espace compris entre le péristome et
le bord.

Rapports et différences. — L'*Holectypus serialis* présente quelques variétés : les exemplaires de Medjès sont généralement déprimés, et ont le bord moins épais que ceux de Mezab-el-Messaï.
Néanmoins on trouve les types moyens dans les deux localités
avec les exemplaires exceptionnels. MM. Le Mesle, Thomas, Du-

rand ont recueilli sur les bords de l'oued Djelfa, dans le Sénalba
et dans les crêtes de Mecied, des exemplaires de taille plus considérable, dont les rapports spécifiques nous ont d'abord embarrassés. Quelques-uns de ces exemplaires, mieux conservés que
la plupart d'entre eux, nous ont permis d'y reconnaître les caractères importants de l'*Hol. serialis*, entre autres les petites fossettes que nous avons signalées, et nous les regardons comme
la grande taille de cette espèce. D'ailleurs des exemplaires moins
développés, recueillis dans les mêmes localités, montrent les
différents degrés d'accroissement, jusqu'à la taille un peu exceptionnelle dont nous parlons.

On a souvent confondu l'*Hol. serialis* avec des espèces voisines
qu'on rencontre également en Algérie, et surtout avec l'*Hol.
Chauveneti* et l'*Hol. Jullieni*. Nous avons indiqué, en décrivant la
première de ces deux espèces, les différences caractéristiques (1)
qui la séparent de l'*Hol. serialis*. Pour la seconde, elle en diffère
surtout par la nature de ses tubercules à la face supérieure, beaucoup moins accusés et moins nettement sériés, et par l'absence
des petites fossettes à la partie inférieure des interambulacres (2).

LOCALITÉ. — L'*Holectypus serialis* a été cité par bien des auteurs, mais l'horizon qu'il occupe n'a pas toujours été bien
précisé. M. Coquand l'indiquait, en 1862, comme provenant du
mornasien ; il l'a remis à son vrai niveau. le santonien, dans un
ouvrage récent. Nicaise l'a placé également dans le mornasien ;
M. Brossard le cite à la fois dans le santonien et le cénomanien,
ce qui doit provenir d'une confusion entre deux espèces. Nous ne
croyons pas qu'il ait jamais été recueilli authentiquement ailleurs
que dans le santonien, où il accompagne l'*Hem. Fourneli* et le
Cyphosoma Maresi. On le retrouve à Mezab-el-Messaï (les Tamarins) au sud de Batna, aux environs du caravansérail de Medjès-
el-Foukani, au sud de Bordj-bou-Aréridj, sur les rives de l'oued
Djelfa, au Sénalba, dans les crêtes de Mecied, à l'est de Brésina.

M. Lartet a cité cette espece en Palestine, à Aïn Musa et à
Waddy Haïdon ; l'examen de quelques-uns de ses exemplaires

(1) 5ᵉ fascicule, p. 173.
(2) 6ᵉ fascicule, p. 87.

nous a laissé des doutes sur l'exactitude de leurs rapports spécifiques (1). En France, l'*Hol. serialis* a été signalé aux Martigues, dans la craie à hippurites; mais un examen plus approfondi des petits exemplaires qu'on recueille en cette localité dans le santonien et non dans le turonien, nous a fait constater plusieurs différences qui ne nous permettent plus de les réunir spécifiquement au type algérien.

Toutes les collections d'Echinides algériens.

Holectypus Jullieni, Peron et Gauthier, 1879.

Nous avons décrit l'*Holectypus Jullieni* dans notre fascicule précédent (2). Nous n'y revenons aujourd'hui que parce que l'un de nous a recueilli dans le santonien de Medjès-el-Foukani deux exemplaires qui, bien que de conservation très médiocre, nous paraissent appartenir à cette espèce, par leurs tubercules à peine visibles à la face supérieure, par l'absence de petites fossettes dans les aires interambulacraires de la face inférieure. Nous profiterons de cette circonstance pour prévenir que les figures que nous avons données de cette espèce la reproduisent peu fidèlement. Le dessinateur a beaucoup trop exagéré la grosseur des tubercules à la face supérieure, et il n'y a que les figures 5 et 7 qui soient exactes. Les autres donnent à l'*Holectypus Jullieni* une physionomie qu'il n'a pas réellement.

Cidaris subvesiculosa, d'Orbigny, 1850.

Nous rapportons à cette espèce quelques radioles incomplets recueillis dans l'étage santonien de Mezab-el-Messaï. Ils ne nous paraissent pas différer sensiblement de ceux qu'on rencontre en France au même niveau.

Le corps du radiole est cylindrique, couvert de petites épines assez mousses ou de granules à base allongée, rapprochés les uns des autres, et formant des séries linéaires nombreuses et régulières. Facette articulaire non crénelée; bouton peu saillant;

(1) 5e fascicule, p. 172.
(2) Page 85, pl VI, fig. 3-7.

collerette courte, épaisse et finement striée. Le plus long de ces radioles mesure quatre centimètres : il n'est pas entier, mais la partie supérieure qui manque devait peu se prolonger. Le diamètre de nos exemplaires varie selon la place qu'ils occupaient sur l'oursin ; cependant tous portent des caractères uniformes, et le rapprochement que nous faisons en attribuant ces radioles au *Cidaris subvesiculosa*, a pour lui les plus grandes probabilités.

LOCALITÉ. — Les Tamarins. Étage santonien.

Collection Jullien.

CYPHOSOMA DELAMARREI, Deshayes, 1846.

CYPHOSOMA DELAMARREI. Deshayes, *in* Agassiz et Desor, *Catal. raisonné des Echinides*,
  p. 48, 1846

—   —   Bayle, *in* Fournel, *Richesse minérale de l'Algérie*, tome I,
  p. 373, pl. XVIII, fig. 43-44, 1849

PHYMOSOMA DELAMARREI, *Synops. des Echin. foss.*, p. 90, pl. XV, fig 5-7, 1856.

—   —   Dujardin et Hupé, *Hist. natur. des Zoophytes Echin.*, p. 508,
  1863.

—   Coquand, *Mém. de la Soc. d'émul. de la Prov.*, p. 255,
  pl. XXIII, fig. 12-13, 1862.

CYPHOSOMA DELAMARREI. Cotteau, *Paléont. franç.*, terrains crétacés, t. VII, p. 588,
  pl. 1140 et 1141, fig. 1-3, 1864.

CYPHOSOMA BATNENSE, Cotteau, *Paléont. franç.*, terrains crét., tome VII, p. 593,
  pl. 1142, 1864.

PHYMOSOMA DELAMARREI, Brossard, *Constitut. de la subdiv. de Sétif*, p. 237, 1867.

CYPHOSOMA DELAMARREI, Hardouin, *Bull. de la Soc. géol*, t XXV, p. 340, 1868.

—   Lartet, *Paléont. de la Palestine*, pl XIV, 1869.

—   —   Peron, *Bul. Soc. geol., de Fr.*, t. XXVII, p. 599, 1870.

PHYMOSOMA DELAMARREI, Nicaise, *Catal. des anim. foss. de la prov. d'Alger*, p. 70,
  1870.

CYPHOSOMA DELAMARREI, Coquand, *Bulletin. de l'Académie. d'Hippone*, p. 415, 1880.

Espèce de taille moyenne, circulaire, affectant quelquefois une forme subpentagonale, renflée en dessus, presque plate en dessous.

Appareil apical peu développé pour le genre, subpentagonal, granuleux, solide, souvent conservé, composé de plaques étroites fortement perforées. Les plaques ocellaires concourent à former le pourtour du périprocte. Corps madréporiforme spongieux et assez saillant.

Zones porifères onduleuses, surtout à la partie supérieure,

formées de pores disposés par simples paires, largement ouverts, se multipliant un peu près du péristome. Aires ambulacraires étroites au sommet, plus larges à l'ambitus, légèrement renflées, garnies de deux rangées de tubercules saillants, crénelés, imperforés, au nombre de treize ou quatorze dans les exemplaires moyens, de dix sept à dix-huit dans les plus gros. L'intervalle qui sépare les rangées est étroit, déprimé, occupé par des granules inégaux, espacés, se prolongeant entre les tubercules en séries horizontales. Plaques porifères inégales, irrégulières, et marquées le plus souvent de sutures apparentes.

Aires interambulacraires garnies de deux rangées de tubercules à peu près semblables à ceux qui couvrent les ambulacres, un peu plus gros cependant vers l'ambitus et à la face supérieure, au nombre de douze ou treize dans les exemplaires moyens. Ils sont entourés de scrobicules bien nets et assez profonds. Il n'y a point de tubercules secondaires : à peine sur le bord de l'aire distingue-t-on quelques granules un peu plus gros que les autres, rares et irrégulièrement distribués. Zone miliaire assez large, déprimée et presque nue à la face supérieure. A l'ambitus les granules sont plus nombreux, irréguliers, inégaux; les sutures sont fortement marquées, surtout dans la partie médiane, et contribuent à donner à l'ensemble du test un aspect rugueux très caractéristique.

Péristome peu développé, à fleur de test, muni de dix entailles relevées sur les bords. Les lèvres ambulacraires sont presque droites et plus larges que celles qui correspondent aux interambulacres. Le périprocte, entouré par l'appareil apical est grand, subelliptique, et même légèrement acuminé.

Le *Cyphosoma Delamarrei* nous a présenté quelques variations que nous croyons utile de signaler. Les exemplaires provenant de Medjès sont généralement plus déprimés et plus rugueux que ceux qui proviennent des Tamarins; les scrobicules qui entourent les tubercules sont plus nettement dessinés, plus profonds; les sutures sont plus marquées, les granules plus saillants. Aux Tamarins, la hauteur du test est fortement inconstante : à côté des exemplaires moyens, on trouve des formes beaucoup plus renflées, mais reliées aux autres par des types intermédiaires.

Ce caractère exceptionnel prend parfois un tel développement que l'un de nous, dans la *Paléontologie française* (1), n'ayant alors à sa disposition que des matériaux insuffisants, a cru devoir désigner les individus ainsi renflés sous le nom spécifique de *Cyphosoma batnense*. Cette distinction, qui n'avait pas été établie sans de grandes hésitations, ne peut être maintenue. Les nombreux exemplaires que nous avons entre les mains nous conduisent, par des transitions successives, des formes les plus déprimées au test renflé du *Cyph. batnense*; et nous n'hésitons pas à supprimer cette espèce de la nomenclature.

Rapports et différences. — Le *Cyphosoma Delamarrei* est facilement reconnaissable à ses tubercules saillants et uniformes, à ses zones porifères simples et fortement onduleuses, à l'absence de tubercules secondaires dans l'interambulacre, et surtout à son appareil apical, médiocrement développé et rarement caduc, tandis que dans les autres espèces du genre il est extrêmement rare de voir cet appareil conservé.

Localité. — Mezab-el-Messaï, au S.-S.-E. de Batna, Trik-Karetta près de Tebessa, Col de Sfa, Medjès-el-Foukani, Oued Chabro, Krenchela. Département de Constantine. — Oued Djelfa? d'après Nicaise, département d'Alger. Étage santonien; abondant. — M. Lartet le cite en Palestine. — Quelques auteurs, comme MM. Brossard et Hardouin, ont compris cette espèce parmi des fossiles cénomaniens; mais ce ne peut être que le résultat d'une confusion. Nous ne l'avons jamais rencontrée ailleurs que dans le santonien avec *H. Fourneli, Holectypus serialis, Echinobrissus Julieni*, etc.

Cyphosoma foukanense, Peron et Gauthier, 1881.

Pl. VI, fig. 1-6,

Diamètre.	Hauteur	Diamètre du péristome
24 mill.	10 mill.	9 mill.
30	14	»
35	17	15

Espèce subcirculaire, assez souvent presque pentagonale, généralement peu élevée, renflée en dessus, plate en dessous.

(1) *Loc. cit.*, p. 593.

Appareil apical peu développé, pentagonal, à plaques génitales et ocellaires étroites, et concourant toutes à former le bord du périprocte. La plaque génitale antérieure droite, qui porte le corps madréporiforme, est un peu plus développée que les autres ; les postérieures sont moins larges ; toutes sont perforées près du bord externe.

Zones porifères à peu près droites à la partie supérieure, mais suivant, au-dessous de l'ambitus, les contours onduleux des plaques. Les paires de pores les plus rapprochées de l'apex sont simplement superposées ; elles prennent ensuite une disposition bigéminée très accentuée. A l'ambitus cette disposition change tout à coup ; les pores se superposent de nouveau par simples paires, et c'est alors que la zone porifère devient onduleuse. C'est à peine si, en aboutissant au péristome, quelques paires dévient de la ligne droite. Aires ambulacraires assez larges au milieu, aiguës à la partie supérieure, portant deux rangées de tubercules crénelés, imperforés, entourés de scrobicules bien marqués, au nombre de douze à treize par série. Ils diminuent très sensiblement de volume à la partie supérieure. L'espace interporifère est occupé par une granulation homogène, assez grossière et abondante.

Aires interambulacraires larges, déprimées au milieu, portant deux rangées de tubercules semblables à ceux des ambulacres, un peu plus gros cependant et moins réduits près du sommet. Ils sont au nombre de onze à douze par série. Les tubercules sont placés au milieu des plaques, et il n'y a aucune apparence de tubercules secondaires. Les plaques sont plus larges que hautes, les sutures sont fortement marquées. Toute la partie de la surface qui n'est pas occupée par les gros tubercules est couverte par une granulation assez homogène, dense, qui occupe toute la zone miliaire. Sur quelques individus cependant les granules sont moins serrés vers le milieu, surtout à la face supérieure. Sur le bord des zones porifères, on aperçoit, en dessous, quelques granules plus gros que les autres ; mais ils sont peu nombreux, et la différence de volume est à peine sensible.

Un de nos exemplaires mérite une mention spéciale. Les gros tubercules diminuent plus subitement de volume à partir de

l'ambitus, ce qui donne à la zone miliaire une étendue plus considérable. La granulation sur cette zone est en même temps plus
dense et plus uniforme que sur les autres individus, et présente
un aspect chagriné tout particulier. Les granules sont aussi
nombreux au milieu de l'aire et presque jusqu'au sommet qu'autour des tubercules. L'aire ambulacraire participe à la même
particularité, et les rangées de tubercules paraissent plus écartées.

Rapports et différences. — Nous avons détaché le *Cyphosoma
foukanense* des exemplaires attribués au *Cyph. Delamarrei*, bien
qu'au premier aspect ils semblent appartenir à la même espèce.
La distinction principale, nous pourrions dire la seule importante, c'est que les zones porifères sont composées de pores fortement bigéminés, tandis qu'ils sont simples dans le *Cyph.
Delamarrei*. Nous avons cru devoir tenir compte de cette particularité, obéissant ainsi à la méthode que nous avon · constamment
suivie dans le cours de cet ouvrage ; car nous avons partout vu
un caractère spécifique dans la simplicité ou la multiplication
des paires de pores. Cependant, chaque fois que nous nous
sommes appuyés sur cette différence pour séparer des types
voisins, ce caractère différentiel était ordinairement accompagné
d'autres caractères divergents, qui confirmaient notre manière
de voir, et renforçaient nos arguments. Ici, les autres différences
que nous pourrions signaler pour justifier la séparation des deux
espèces, telles que le renflement ordinairement plus prononcé
des aires ambulacraires dans le *Cyphos. foukanense*, la direction
moins onduleuse des zones porifères à la partie supérieure, la
forme plus régulièrement pentagonale de l'appareil apical, n'ont
pas assez de fixité pour nous en armer comme d'un argument
concluant. En réalité nous n'avons d'autre motif déterminant que
la disposition bigéminée des paires de pores, dans l'espèce qui
nous occupe. Nous n'ignorons point que ce caractère n'a peut-
être pas toute l'importance que lui ont attribuée jusqu'ici les échi-
nologistes ; car cette disposition bigéminée des pores n'est que le
résultat d'une déviation des conduits tentaculaires dans l'épaisseur du test. Les espèces qui ont les pores bigéminés à l'extérieur
les ont toujours simples à l'intérieur ; cette multiplication, quelquefois si accentuée au dehors, n'existe pas au dedans ; les zones

porifères y sont simplement onduleuses, et ne se montrent pas multiples sur la même ligne. Peut-être, par suite de cette observation, y aura-t-il lieu de revenir un jour sur la méthode adoptée pour la spécification des diadématidées ; notre cadre ne nous permet pas d'aborder ici ce sujet. Nous ajouterons seulement aux observations que nous avons faites sur le *Cyphos. foukanense,* que la différence signalée dans la disposition des zones porifères n'est pas un effet de l'âge ; on la trouve dans les petits comme dans les grands exemplaires, et en outre, elle se rencontre bien plus fréquemment à Medjès qu'aux Tamarins. Nous avons déjà signalé plus haut que les exemplaires du *Cyphos. Delamarrei* ne sont pas absolument identiques dans les deux localités. En résumé, le *Cyphos. foukanense* est pour nous un type très voisin du *Cyphos. Delamarrei,* mais que la méthode que nous avons adoptée ne nous permet pas de lui réunir spécifiquement.

Localité. — Medjès-el-Foukani, Les Tamarins. Étage santonien.

Collections Peron, Gauthier, Cotteau, Le Mesle.

Explication des Figures. — Pl. VI, fig. 1. *Cyphosoma foukanense,* de la collection de M. Peron, vu de côté ; fig. 2, face sup. ; fig. 3, face inf. ; fig. 4, plaques ambulacraires grossies ; fig. 5, plaque interambulacraire grossie ; fig. 6, appareil apical grossi.

CYPHOSOMA BAYLEI, Cotteau, 1864.

PSEUDODIADEMA GAUTHIERI, Coquand, *Bullet. de l'Acad. d'Hippone,* p. 327, 1880.

Nous avons décrit cette espèce dans le fascicule précédent (1), mais il paraît que son existence s'est prolongée au-delà du turonien. M. Coquand vient de décrire, sous le nom de *Pseudodiadema Gauthieri,* deux exemplaires qui nous paraissent bien appartenir au *Cyphos. Baylei.* Ces deux individus sont de taille plus grande que la plupart de ceux que nous avons étudiés dans l'étage turonien, mais les détails restent complétement les mêmes. Les perforations des tubercules, qui ont fait ranger ces exemplaires dans le genre *Pseudodiadema,* ne nous ont paru être que de

(1) Page 95.

7

petites cassures qui ont atteint plusieurs mamelons. Nous signalons donc, d'après M. Coquand, la présence du *Cyph. Baylei* dans
le santonien d'Aïn-Zémera, au sud-est de Zharès Chergui, où il a
été recueilli par M. Marès.

CYPHOSOMA MARESI, Cotteau, 1864.

CYPHOSOMA MARESI, Cotteau, *Paléont franç.*, terr. crét., tome VII, p. 619, pl. 1150,
fig. 1-12, 1864.

Espèce de taille moyenne, subcirculaire, assez épaisse, également déprimée en dessus et en dessous.

Zones porifères droites et larges à la face supérieure, où elles
sont composées de pores fortement bigéminés, plus étroites à
l'ambitus et en dessous, où les pores sont simples, sauf tout près
du péristome, où ils se multiplient en déviant de la ligne droite.
Aires ambulacraires portant deux rangées régulières de gros
tubercules crénelés et imperforés, diminuant progressivement
de volume à mesure qu'ils s'éloignent de l'ambitus, où sont les
plus gros, au nombre de quinze ou seize dans les grands exemplaires. Une ligne de granules inégaux, plus développés aux
angles des plaques, suit la suture médiane. On en voit aussi
quelques-uns en dehors des tubercules, sur le bord des zones
porifères. A l'extérieur, la base des gros tubercules est entamée
par de petites fentes qui sont la continuation des sutures des
plaquettes porifères.

Aires ambulacraires larges, portant deux rangées de tubercules
principaux, semblables à ceux des ambulacres, comme eux
diminuant de volume en dessus et en dessous. Ils aboutissent en
haut à l'angle des zones porifères, et sont au nombre de quatorze
ou quinze. De chaque côté de ces tubercules principaux se trouve
une rangée de tubercules secondaires, presque aussi gros que
les autres, bien réguliers, mais s'amoindrissant plus vite à la
partie supérieure, et n'atteignant pas complétement le sommet.
Zone miliaire assez étroite d'abord, puis s'élargissant à mesure
qu'elle se rapproche du sommet. Elle porte des granules inégaux
et abondants, et paraît à peu près nue à la partie supérieure.
D'autres granules entourent les tubercules secondaires, et for-

ment des cercles presque complets autour des plus développés.

Péristome décagonal, s'ouvrant dans une légère dépression, quelquefois même à fleur de test, marqué de dix entailles bien visibles.

L'appareil apical n'a laissé qu'une empreinte assez étendue et subpentagonale.

Le *Cyphosoma Maresi* présente quelques variations. Les zones porifères sont quelquefois un peu moins larges près du sommet ; les tubercules secondaires atteignent entièrement sur certains exemplaires la taille des tubercules principaux ; c'est le cas le plus ordinaire pour les individus provenant des cimes de Mecied. L'abondance des granules est aussi plus ou moins considérable. Parfois encore les tubercules ambulacraires affectent une disposition alterne plus accentuée ; mais ces variations changent peu la physionomie générale de l'espèce, et ne sont pas de nature à faire hésiter sur l'unité du type.

Rapports et différences. — Nous ne connaissons aucune autre espèce de *Cyphosoma* en Algérie qu'on puisse confondre avec le *C. Maresi*. Le grand développement des tubercules secondaires fait distinguer tout d'abord cette espèce que caractérisent en outre sa forme un peu épaisse, ses pores ambulacraires multipliés en dessus, simples et directement superposés en dessous, sa zone miliaire s'élargissant progressivement et nue près du sommet. Les types européens ne nous ont également rien présenté d'analogue, sauf le *Cyphosoma Bourgeoisi*, Cotteau, qu'il est facile de distinguer à sa forme plus haute, à ses zones porifères beaucoup plus onduleuses à la partie inférieure, à son péristome plus développé.

LOCALITÉ. — Rive droite de l'oued Djelfa, Aïn Zémera, département d'Alger ; Mecied entre Brésina et El-Maïa, département d'Oran. Étage santonien. Assez abondant.

Collections Marès, Coquand, Gauthier, Durand, Le Mesle.

CYPHOSOMA AUBLINI, Cotteau, 1864.

CYPHOSOMA AUBLINI, Cotteau, *Paléont. franç.*, terrains crét., tome VII, p. 641, pl. 1158, fig. 1-5, 1864.
— — Coquand, *Bull. de l'Acad. d'Hippone*, p. 343 et 417, 1880.

Espèce de petite taille, subcirculaire, renflée en dessus, arrondie sur les bords, presque plate en dessous.

Zones porifères droites, formées de pores simples, se dédoublant légèrement à la partie supérieure, à peine multipliés près du péristome. Aires ambulacraires assez étroites, garnies de deux rangées de tubercules finement crénelés, imperforés, peu développés, entourés d'un scrobicule étroit et indépendant, augmentant à peine de volume vers l'ambitus, au nombre de treize à quatorze par série. Granules intermédiaires abondants, serrés, presque égaux, formant une double série au milieu de l'ambulacre, et se prolongeant horizontalement entre les scrobicules.

Aires interambulacraires pourvues de deux rangées de tubercules à peu près identiques à ceux qui couvrent les ambulacres, un peu plus largement scrobiculés vers l'ambitus, au nombre de quatorze par série. Tubercules secondaires beaucoup plus petits que les tubercules principaux, mamelonnés, subscrobiculés, formant, sur le bord des interambulacres, une rangée régulière qui ne disparaît qu'à peu de distance du sommet et du péristome. D'autres tubercules de même grosseur, plus rares et plus irrégulièrement disposés, forment de chaque côté une nouvelle rangée qui ne dépasse guère l'ambitus ni en dessus ni en dessous. Zone miliaire large, très granuleuse, à peu près nue à la partie supérieure. Des granules fins et serrés, entourent les tubercules de cercles à peu près réguliers.

Péristome assez grand, circulaire, un peu enfoncé, muni d'assez faibles entailles; les lèvres ambulacraires sont presque droites et plus étendues que celles qui correspondent aux interambulacres.

Nous ne connaissons ni le périprocte, ni l'appareil apical, qui n'a laissé qu'une empreinte pentagonale assez grande.

Rapports et différences. — Le *Cyphosoma Aublini* n'a pas été jusqu'à présent rencontré en grande abondance; il n'en existe encore que quelques exemplaires provenant tous de la même région. C'est du reste un type très facile à distinguer, à cause de la petitesse de ses tubercules, de leur nombre assez considérable et de leur grande homogénéité. Le *Cyphosoma Schlumbergeri,* dont les tubercules sont à peu près de même taille, en porte un moins grand nombre, et disposés d'une manière toute différente. On ne saurait confondre ces deux espèces.

Localité. — Le *Cyphosoma Aublini* n'a été recueilli en Algérie que dans le Sénalba, entre le Rocher de Sel et Djelfa, et près de la route forestière d'Aïn Arzès, département d'Alger. L'un de nous a recueilli aux Martigues (Bouches-du-Rhône), dans l'étage santonien, un exemplaire qui ne diffère pas sensiblement des exemplaires algériens. — Étage santonien. Rare.

Collections Coquand, Gauthier, Thomas.

Cyphosoma Archiaci, Cotteau, 1863.

(Agassiz, 1846.)

Cyphosoma Archiaci, Cotteau, *Paléont. franç.*, terrains crétacés, tome VII, p. 615, pl. 1149, 1863.

Espèce d'assez grande taille, à peu près circulaire, renflée à la partie supérieure, généralement plate en dessous, bien qu'il y ait de légères exceptions.

L'appareil apical était pentagonal et très développé, mais nous n'en connaissons que l'empreinte. Zones porifères droites, larges à la partie supérieure où les pores sont régulièrement bigéminés, plus étroites et plus onduleuses vers l'ambitus où les pores sont disposés par simples paires. Aires ambulacraires portant deux rangées de tubercules, médiocrement développés, serrés au point qu'il reste à peine place pour les scrobicules, au nombre de dix-sept dans les grands exemplaires. L'espace intermédiaire, presque nul près du sommet, plus large à l'ambitus, est couvert d'une granulation fine et serrée, qui pénètre en outre entre les tubercules. Les sutures des plaques porifères, bien marquées, entament quelquefois la base des tubercules.

Aires interambulacraires larges, surtout vers le milieu du test. Elles portent deux rangées de tubercules principaux crénelés et imperforés, semblables à ceux des ambulacres, un peu plus espacés cependant, car il n'y en a que quinze ou seize. Tubercules secondaires petits, nombreux, formant sur tous les exemplaires une rangée extérieure de chaque côté des tubercules principaux. Sur les individus de grande taille on voit, à l'ambitus seulement, un rudiment de seconde rangée, peu régulière, et formée de tubercules inégaux. Zone miliaire large, à peu près nue près du sommet, très granuleuse à l'ambitus, se continuant à la face inférieure et presque jusqu'au péristome ; caractère important, d'une constance remarquable, et qui ne permet pas de confondre cette espèce avec le *Cyph. magnificum.*

Péristome grand, subdécagonal, marqué d'entailles relevées sur les bords.

Rapports et différences. — La présence du *Cyph. Archiaci* dans le santonien d'Algérie nous a particulièrement frappés, car les relations des couches qui le contiennent en France sont encore l'objet de graves contestations. Nous avons donc apporté à l'examen de nos exemplaires l'attention la plus rigoureuse, et nous avons dû constater qu'ils reproduisent parfaitement le type européen, représentant toutes les variations que l'âge lui apporte. Ainsi nous en avons de très bien conservés qui rappellent, avec une exactitude remarquable, le modèle en plâtre figuré dans la *Paléontologie française;* d'autres, plus grands, montrent la rangée de tubercules secondaires se dédoublant peu à peu, et tendant à former deux séries. Nous avons pu comparer ces échantillons algériens à de nombreux individus recueillis dans les Corbières ; il ne nous reste donc aucun doute sur le rapprochement que nous faisons entre les exemplaires africains et les exemplaires français.

LOCALITÉ. — Rive droite de l'oued Djelfa, Medjès-el-Foukani, Les Tamarins. Étage santonien. — En France, cette espèce a été rencontrée près d'Angoulême, dans la couche n° 15 de M. Arnaud (1), au-dessus du *Sphærulites sinuatus*, et à la base même du santonien. Nous l'avons recueillie en abondance près du village de Montferrand, à Rennes-les-Bains, avec l'*Hem. Desori*, dans des couches inférieures à celles qui renferment le *Micraster brevis*. Le niveau semble un peu plus élevé en Algérie, bien que nous ne sachions pas encore au juste à quel horizon doivent être attribuées ces couches de Montferrand.

Collections Gauthier, Peron, Jullien.

_____

(1) *Mém. de la Soc. géolog.*, 2ᵉ série, t. X, mém. IV.

CYPHOSOMA SUBASPERUM, Peron et Gauthier, 1881.

Pl. VI, fig. 7-11.

Diamètre, 22 mill. Hauteur, 9 mill Diamètre du péristome, 9 mill.

Espèce de taille moyenne, subcirculaire, assez souvent pentagonale par suite du renflement des aires ambulacraires, peu
élevée, renflée au pourtour, déprimée en dessus, assez fréquemment concave à la partie inférieure.

Zones porifères un peu étroites, onduleuses, suivant le contour
des plaques ambulacraires. Pores assez largement ouverts,
arrondis, toujours disposés par simples paires, sauf près du péristome où ils dévient légèrement de la ligne droite. Aires ambulacraires renflées, peu développées en largeur, portant deux rangées
de tubercules crénelés et imperforés, qui diminuent sensiblement
de volume près du sommet et du péristome, au nombre de dix à
onze par série. L'aire est si étroite qu'ils affectent une disposition
alterne. L'espace intermédiaire est couvert d'une granulation
assez grossière qui pénètre aussi entre les tubercules, mais qui
disparaît à la partie supérieure et près du péristome.

Aires interambulacraires assez larges, portant deux rangées de
tubercules semblables à ceux des ambulacres, diminuant comme
eux de volume en dessus et en dessous, au nombre de onze par
série. De très petits tubercules, la plupart crénelés, forment
extérieurement, de chaque côté, une seconde rangée, régulière,
bien marquée à partir du péristome, et s'élevant au-dessus de
l'ambitus sans atteindre le sommet. Quelques-uns de ces petits
tubercules sont entourés d'un cercle imparfait de granules. Zone
miliaire large, surtout au pourtour, se rétrécissant un peu vers
le sommet. Elle porte des granules épars, irréguliers, plus gros
autour des tubercules ; à la partie supérieure l'aire est presque
nue.

Péristome placé dans une dépression du test, subdécagonal,
fortement entaillé ; les lèvres ambulacraires sont plus grandes
que les interambulacraires.

L'appareil apical n'a laissé que son empreinte ; il était subpentagonal, mais peu développé.

Rapports et différences. — Par ses zones porifères onduleuses et simples, par son appareil apical peu développé, par sa physionomie générale, le *Cyphosoma subasperum* se rapproche du *C. Delamarrei* qu'on rencontre dans les mêmes couches. Il s'en éloigne par son pourtour plus renflé, par ses aires ambulacraires généralement plus saillantes, par sa granulation plus rare et tout autrement disposée, et surtout par la présence de tubercules secondaires qui, bien que très petits, suffisent pour établir une différence essentielle avec l'autre espèce qui en est constamment dépourvue. Ce dernier caractère se retrouve sur le *Cyph. tamarinense*, que nous décrirons plus loin, et qui a aussi beaucoup d'analogie avec le *C. subasperum*. Celui-ci s'en distingue par sa forme moins épaisse, moins plate en dessous, par ses tubercules diminuant plus sensiblement de volume à la face supérieure, par son appareil apical moins développé, son péristome un peu plus petit, et surtout par le dédoublement des pores à la partie supérieure, par leur disposition moins onduleuse et plus irrégulière sur le reste du test.

LOCALITÉ. — Medjès-el-Foukani. Étage santonien. Rare.

Collection Peron.

EXPLICATION DES FIGURES. — Pl. VI, fig. 7, *Cyphosoma subasperum*, de la collection de M. Peron, vu de côté ; fig. 8, face sup. ; fig. 9, face inf. ; fig. 10, plaques ambulacraires grossies ; fig. 11, portion de la face inférieure grossie.

CYPHOSOMA RECTILINEATUM, Peron et Gauthier, 1881.

Pl. VII, fig. 1-4.

Diamètre, 21 mill. Hauteur, 9 mill.

Nous décrivons sous ce nom un exemplaire incomplet, car la partie inférieure est mal conservée, mais que nous n'avons pu rattacher à aucune des espèces connues.

Taille moyenne, forme déprimée, à peu près plate en dessus.

Zones porifères à fleur de test, très étroites, complètement rectilignes. Les pores sont petits, serrés, disposés par simples paires exactement superposées sur toute l'étendue du test, sauf peut-être près du péristome qui n'est pas visible sur notre unique exemplaire. Aires ambulacraires étroites, portant deux rangées de tubercules peu développés, crénelés et imperforés, presque uniformes, diminuant progressivement de volume en s'approchant du sommet, au nombre de douze environ par série. Entre les deux rangées on voit serpenter deux petites lignes de granules assez irréguliers, qui ne montent pas jusqu'au sommet.

Aires interambulacraires larges relativement, portant deux rangées de tubercules principaux, toujours placés au milieu des plaques qui les portent, ce qui fait qu'elles restent parallèles jusqu'au sommet. Les tubercules sont semblables à ceux des aires ambulacraires, mais ils diminuent moins de volume à la face supérieure. Ils sont au nombre de dix à onze. En dehors des deux rangées principales, se trouve de chaque côté une ligne régulière de gros granules, distinctement mamelonnés, qui dépassent l'ambitus sans s'élever jusqu'à l'apex. Zone miliaire large, occupée par des granules assez nombreux, dont quelques uns plus gros au pourtour. D'autres granules assez saillants et homogènes forment un cercle autour des tubercules ; la partie supérieure est presque nue et légèrement déprimée.

L'appareil apical n'a laissé qu'une empreinte assez étendue, à peu près circulaire, avec des angles marqués, et tendant à la forme pentagonale.

Rapports et différences. — La forme déprimée du *Cyphosoma rectilineatum*, ses tubercules petits et homogènes, l'étroitesse des zones porifères avec pores serrés et directement superposés par simples paires, lui donnent une physionomie particulière qui le fait distinguer facilement de ses congénères. Parmi les espèces algériennes on peut le comparer au *Cyph. Delamarrei*, dont les jeunes ont une forme presque aussi déprimée, avec des pores disposés par simples paires ; mais les zones porifères sont onduleuses dans cette dernière espèce, l'appareil apical est moins étendu, les sutures des plaques sont plus marquées, l'ensemble du test est beaucoup plus rugueux. Le *Cyphosoma Coquandi* a les tubercules plus espacés, plus gros, les paires de pores multipliées, l'appareil apical plus nettement pentagonal. Parmi les espèces européennes, le *C. orbignyanum* montre des pores plus irrégulièrement superposés, bigéminés même près du sommet, des zones porifères onduleuses; l'intervalle entre les tubercules interambulacraires est plus large et plus nu à la face supérieure. Le *Cyph. Ameliæ*, Cotteau, est plus renflé; les pores, la zone miliaire offrent une disposition toute différente. Aussi n'avons-nous pas hésité à désigner notre unique exemplaire par une dénomination spécifique nouvelle, bien qu'il soit médiocrement conservé au-dessous de l'ambitus.

LOCALITÉ. — Recueilli par M. Jullien aux Tamarins?
Collection Jullien.

EXPLICATION DES FIGURES. — Pl. VII, fig. 1, *Cyphosoma rectilineatum*, de la collection de M. Jullien, vu de côté; fig. 2, face sup.; fig. 3, plaques ambulacraires grossies; fig. 4, plaques interambulacraires grossies.

CYPHOSOMA TAMARINENSE, Peron et Gauthier, 1884.

Pl. VII, fig. 5-9.

Diamètre, 22 mill. Hauteur, 10 mill. Diamètre du péristome, 8 mill.

Espèce de taille moyenne, subcirculaire, déprimée à la partie supérieure, assez renflée au pourtour, plate en dessous.

Zones porifères subsinueuses, peu développées à l'ambitus et à la face inférieure, un peu plus larges en dessus où les pores sont bigéminés aux approches du sommet. Les paires de pores sont peu serrées, assez irrégulièrement superposées; elles se multiplient près du péristome. Aires ambulacraires médiocrement élargies, portant deux rangées de tubercules crénelés, imperforés, bien développés, surtout à l'ambitus, un peu plus petits en dessus et en dessous, au nombre de dix par série. L'espace qui sépare les deux rangées est resserré, et porte des granules dont quelques-uns pénètrent entre les tubercules et forment des cercles incomplets.

Aires interambulacraires larges, portant deux rangées de tubercules principaux, semblables à ceux des ambulacres, diminuant moins de volume à la face supérieure, où les deux rangées ne sont pas plus écartées qu'à l'ambitus; on en compte neuf ou dix par série. Extérieurement et de chaque côté se trouve une ligne assez régulière de gros granules mamelonnés, simulant des tubercules secondaires, qui accompagnent les tubercules principaux presque jusqu'au sommet. La zone miliaire ne se rétrécit qu'à la face inférieure ; elle n'est pas plus large près du sommet qu'à l'ambitus. Elle offre une granulation dense, peu homogène, qui s'éclaircit dans le voisinage de l'apex, sans que le test soit complétement dénudé, comme il arrive si souvent. D'autres granules entourent les tubercules principaux de cercles plus ou moins complets.

Péristome à fleur de test, subdécagonal, relativement étroit, marqué d'entailles sensibles et relevées sur les bords. Les lèvres ambulacraires sont plus grandes que celles de l'interambulacre. L'empreinte laissée par l'appareil apical est grande et subpenta-gonale ; la plaque postérieure entamait légèrement l'aire inter-ambulacraire.

Rapports et différences. — Le *Cyphosoma tamarinense* est très voisin des exemplaires jeunes du *Cyph. Archiaci*, qu'on trouve en Algérie au même horizon. Il s'en distingue par son péristome un peu plus petit, par ses tubercules relativement plus gros, diminuant moins de volume à la partie supérieure, par ses ran-gées ambulacraires plus rapprochées, par sa zone miliaire moins ouverte près de l'appareil apical et moins nue. Il ressemble aussi au *Cyph. regulare*, Agassiz, du turonien de France. Il s'en éloigne par ses tubercules un peu moins nombreux, plus déve-loppés, par ses pores moins bigéminés, par ses ambulacres plus étroits. Il y a certainement entre ces trois espèces de grands rap-ports ; mais les différences que nous avons signalées ne nous paraissent pas permettre de les réunir.

LOCALITÉ. — Les Tamarins. Étage santonien. Recueilli par M. Jullien. Très rare.

Collection Jullien.

EXPLICATION DES FIGURES. — Pl. VII, fig. 5, *Cyphosoma tama-rinense*, de la collection de M. Jullien, vu de côté ; fig. 6, face sup. ; fig. 7, face inf. ; fig, 8, plaques ambulacraires grossies ; fig. 9, plaque interambulacraire grossie.

CYPHOSOMA MANSOUR, Peron et Gauthier, 1884.

Pl. VII, fig. 10-15.

Diamètre, 29 mil. Hauteur, 14 mil

Espèce de taille moyenne, de forme épaisse, presque cylindrique au pourtour, fortement déprimée en dessus et en dessous.

Zones porifères droites, assez larges, formées de pores bigéminés à la partie supérieure, mais simples à l'ambitus. Aires ambulacraires larges relativement, sauf près du sommet, où l'espace est restreint par le développement des zones porifères. Elles portent deux rangées de petits tubercules très réguliers, presque homogènes, augmentant à peine de volume au pourtour, au nombre de quinze environ par série. La zone intermédiaire est occupée par une abondante granulation, au milieu de laquelle des granules plus gros, visiblement mamelonnés, semblent avoir une tendance à former deux rangées sinueuses qui n'atteignent pas le sommet. D'autres gros granules se voient encore extérieurement, dans l'angle des plaques, sur le bord des zones porifères.

Aires interambulacraires de largeur moyenne, portant deux rangées de tubercules plus gros que ceux des aires ambulacraires, comme eux crénelés et imperforés. Les deux rangées s'écartent à mesure qu'elles approchent du sommet, et aboutissent au bord même des zones porifères. Les tubercules diminuent sensiblement de volume à la face supérieure, et n'excèdent pas le nombre de treize ou quatorze par série. Une rangée assez régulière de petits tubercules secondaires suit extérieurement de chaque côté les tubercules principaux, jusqu'à l'endroit où ceux-ci atteignent les zones porifères. Zone miliaire large dès l'ambitus et jusqu'à l'apex. Elle est couverte d'abord d'une granulation très dense, au milieu de laquelle surgissent de nombreux granules plus développés que les autres et mamelonnés. A la face supérieure la zone est nue, et ne porte plus guère que quelques granules alignés dans le voisinage des tubercules. D'autres granules forment des cercles plus ou moins complets autour des scrobicules et serpentent même au milieu des tubercules secondaires.

L'état de nos exemplaires ne nous permet pas de voir le péristome.

Malgré le mauvais état du test, un assez grand nombre de petits radioles ont été conservés. Ils sont grêles, fortement allongés, striés dans le sens de la longeur, avec bouton très saillant.

Rapports et différences. Le *Cyphosoma Mansour* rappelle par plus d'un caractère le *C. Archiaci*; comme lui il montre des pores bigéminés, des rangées de tubercules interambulacaires fortement distantes à la face supérieure; la zone miliaire présente à peu près les mêmes caractères. Notre espèce se distingue par sa forme plus cylindrique, plus épaisse, par ses tubercules ambulacraires plus homogènes, plus petits et plus nombreux, par ses tubercules interambulacraires plus gros que ceux des ambulacres. Quoique voisins, les deux types sont faciles à distinguer.

LOCALITÉ. — Mansourah, au sud des Portes de Fer. Très rare.

Etage santonien, avec *Hemiaster bibansensis* et *Salenia scutigera.* Dép. de Constantine.

Collection Peron.

EXPLICATION DES FIGURES. — Pl. VII, fig. 10, *Cyphosoma Mansour*, de la collection de M. Peron, vu de côté; fig. 11, face sup.; fig. 12, face inf. montrant quelques radioles; fig. 13, plaques ambulacraires grossies; fig. 14, plaque interambulacraire grossie; fig. 15, radiole grossi.

CYPHOSOMA MESLEI, Peron et Gauthier, 1881.

Pl. VIII, fig. 1-5.

Diam. 26 mill Haut. 10 mill. Diam. du périst. 11 mill.

Espèce de taille moyenne, circulaire, peu élevée, fortement déprimée en dessus et en dessous, arrondie régulièrement au pourtour.

Zones porifères droites, à fleur de test, formées de pores nettement bigéminés à la partie supérieure, superposés par simples paires à l'ambitus, se multipliant de nouveau aux approches du péristome. Aires ambulacraires étroites, portant deux rangées de tubercules médiocrement développés, crénelés, imperforés, très rapprochés les uns des autres, au nombre de treize ou quatorze par rangée. Ils diminuent graduellement de volume en aboutissant au sommet et au péristome. L'espace intermédiaire est occupé par quelques granules inégaux qui serpentent entre les tubercules.

Aires interambulacraires larges, portant quatre rangées principales de tubercules médiocrement développés, semblables à ceux de l'ambulacre. Les quatre rangées atteignent également le sommet ; mais les deux internes seulement aboutissent au péristome ; l'espace manque pour le dernier tubercule des autres, car la lèvre ambulacraire est aussi large que l'interambulacraire. Restreints ainsi dans leur développement, les tubercules semblent alterner dans toute l'étendue des rangées ; ils sont un peu plus espacés que dans l'ambulacre, et on n'en compte que douze par série. Tout près des zones porifères se trouve de chaque côté une rangée secondaire de tubercules plus petits, plus irrégulièrement disposés, qui commence au péristome même, dépasse l'ambitus, mais n'atteint pas le sommet. Zone miliaire à peine distincte à l'ambitus, s'élargissant à mesure qu'elle monte à la face supérieure. Elle est occupée par quelques granules assez gros, sauf près du sommet où elle paraît nue. D'autres granules serpentent au milieu des tubercules et ont une tendance à les entourer de cercles incomplets.

Appareil apical très développé, d'après l'empreinte qu'il a laissée, nettement pentagonal.

Péristome assez grand, s'ouvrant dans une légère dépression du test, presque régulièrement décagonal, marqué de dix fortes entailles relevées sur les bords.

Rapports et différences. Au premier aspect, le *Cyphosoma Meslei* semble appartenir au genre *Pseudodiadema* ; mais la nature de ses tubercules détermine nettement ses affinités génériques. Ces tubercules petits et nombreux formant quatre rangées, atteignant également le sommet, et deux rangées secondaires incomplètes, font de notre espèce un type remarquable, et permettent de le distinguer complétement de tous ses congénères. Le *C. Meslei* se rapproche de quelques variétés du *Pseudod. variolare*; mais outre les différences génériques, l'étroitesse de la zone miliaire, la persistance des tubercules jusqu'à l'apex, établissent une différence bien caractérisée.

LOCALITÉ. — Recueilli par M. Le Mesle, sur la rive gauche de l'Oued Djelfa, à cinq kilomètres d'Aïn Aourrou (Dép. d'Alger), avec *Cyphosoma Maresi* et de nombreux *Hemiaster Fourneli*. Rare. Etage santonien.

Collection Gauthier.

EXPLICATION DES FIGURES. — Pl. VIII, fig. 1, *Cyphosoma Meslei*, de la collection de M. Gauthier, vu de côté; fig. 2, face sup. fig. 3, face inf.; fig. 4, plaques ambulacraires grossies; fig. 5, plaque interambulacraire grossie.

CYPHOSOMA MECIED, Peron et Gauthier, 1881.

Pl. VIII, fig. 6-10

Diam. 21 mill. Haut. 8 mill. Diam. du périst. 9 mill.

Espèce de taille moyenne, subcirculaire, très déprimée, plate en dessus et en dessous.

Zones porifères larges, droites à la partie supérieure, onduleuses en dessous, formées de pores fortement bigéminés près du sommet, jusqu'au cinquième tubercule ambulacraire. A cet endroit, la disposition cesse subitement d'être bigéminée, et les pores se superposent par simples paires en suivant les contours anguleux des plaques. Ils se multiplient de nouveau près du péristome. Aires ambulacraires assez resserrées et aiguës près de l'apex, où l'espace est en grande partie occupé par les zones porifères, plus larges à l'ambitus. Elles portent deux rangées de tubercules relativement assez gros, crénelés et imperforés, diminuant sensiblement de volume à la partie supérieure, où ils affectent une disposition alterne, au nombre de douze par série. L'espace intermédiaire. nu près du sommet et du péristome, est occupé à l'ambitus par quelques granules peu homogènes et irrégulièrement disposés.

Aires interambulacraires assez larges, portant deux rangées de

tubercules semblables à ceux de l'ambulacre, un peu moins
réduits aux approches du sommet, au nombre de onze par série.
De chaque côté, extérieurement, on voit une rangée de tubercules
secondaires très petits, bien alignés, distinctement mamelonnés
et crénelés, montant au-dessus de l'ambitus jusqu'à l'endroit où
ils rencontrent les zones porifères. Zone miliaire large, portant un
grand nombre de granules plus ou moins développés, les plus
gros autour des tubercules. La zone n'est pas nue à la face supérieure, et les granules montent jusqu'en haut, un peu clair-
semés cependant.

Péristome à fleur de test, subdécagonal, avec de fortes entailles,
les lèvres ambulacraires étant bien plus larges que les autres.
Périprocte inconnu, l'appareil apical n'ayant laissé que son
empreinte qui est assez grande et pentagonale.

Rapports et différences. La forme très comprimée du test, unie
à des zones porifères à pores fortement bigéminés, suffit pour
donner au *Cyphosoma Mecied* une physionomie à part et l'éloi-
gner de tous ses congénères. On pourrait le rapprocher, à cause
de sa taille et de son peu d'élévation, du *Cyphos. rectilineatum*;
mais la disposition des tubercules et des pores est tellement
différente, qu'on ne peut continuer longtemps la comparaison. Il
est plus voisin du *Cyphosoma tamarinense*, dont les zones pori-
rifères et les aires interambulacraires présentent à peu près la
même conformation. Il s'en éloigne par sa forme beaucoup plus
comprimée, moins renflée à la partie supérieure, par ses pores
plus multipliés, plus régulièrement disposés, par son péristome
plus grand, par l'empreinte de son appareil apical plus étendue.
En Europe, nous ne voyons aucun type qui se rapproche de notre
espèce, sauf un petit *Cyphosoma* encore inédit qu'on rencontre
aux Martigues (Bouches-du-Rhône), qui en rappelle assez bien
la physionomie, mais s'en sépare par quelques détails importants, notamment par l'écartement plus considérable des rangées
de tubercules interambulacraires à la face supérieure, et la granulation de la zone miliaire.

LOCALITÉ. — Recueilli par M. Durand dans la crête dolomitique
de Mecied, près de Brésina, avec *Cyphosoma Maresi*. Étage santonien. Exemplaire unique.

Collection Durand.

EXPLICATION DES FIGURES. — Pl. VIII, fig. 6, *Cyphosoma Mecied,* de la collection de M. Durand, vu de côté ; fig. 7, face sup. ; fig. 8, face inf. ; fig. 9, plaques ambulacraires grossies ; fig. 10, plaque interambulacraire grossie.

RÉSUMÉ SUR LES CYPHOSOMA

L'étage santonien nous a donné douze espèces appartenant au genre *Cyphosoma* : *C. Delamarrei, foukanense, Baylei, Maresi, Aublini, Archiaci, subasperum, rectilineatum, tamarinense, Mansour, Meslei, Mecied.*

Une seule de ces espèces, *C. Baylei,* s'est rencontrée en Algérie, à un niveau inférieur, dans l'étage turonien.

Deux sont représentées en Europe, *C. Archiaci, C Aublini.*

Deux ont été recueillies également dans le département de Constantine et dans le département d'Alger : *Cyph. Delamarrei* et *C. Archiaci.*

Une est commune au département d'Alger et d'Oran : *C. Maresi.*

Cinq sont spéciales au département de Constantine : *C. foukanense, subasperum, rectilineatum, tamarinense, Mansour.*

Trois sont spéciales au département d'Alger : *C. Meslei, Aublini, Baylei* (pour le santonien seulement).

Une est spéciale au département d'Oran : *C. Mecied.*

Enfin, sept de ces espèces étaient inconnues avant notre travail : *C. foukanense, subasperum, rectilineatum, tamarinense, Mansour, Meslei, Mecied.*

Remarque. — M. Coquand a cité en outre le *C. magnificum* dans les assises de Medjès (1) ; nous n'avons aucune donnée certaine sur la présence de cette espèce en Algérie.

M. Brossard cite également *Cyphosoma magnificum* dans son étage campanien.

_____

(1) *Bull. de l'Acad. d'Hippone,* p. 313, 1880.

GONIOPYGUS DURANDI, Peron et Gauthier, 1881.

Pl. VIII, fig. 11-16.

Dimensions . Diamètre.	Hauteur.	Diamètre du péristone.
18 mill.	10 mill.	—
22 —	13 —	10 mill.
25 —	15 —	11 —

Espèce d'assez grande taille, circulaire, généralement renflée à la partie supérieure, parfois un peu déprimée, plate en dessous.

Appareil apical relativement peu developpé. Les cinq plaques génitales sont pentagonales et pénètrent par une pointe dans l'aire interambulacraire. Toutes sont en contact et forment le pourtour du périprocte ; trois d'entre elles présentent autour de l'orifice anal une petite échancrure dans laquelle est logé un tubercule. Les pores oviducaux sont situés à l'extrémité externe de la plaque. Nous n'avons pu découvrir le corps madréporiforme.

Plaques ocellaires moins développées que les plaques génitales, dans les angles desquelles elles s'intercalent. Tout l'appareil paraît lisse.

Zones porifères droites, formées de pores disposés par simples paires, se multipliant aux abords du péristome. Aires ambulacraires relativement assez larges, portant deux rangées de tubercules médiocrement serrés, au nombre de quatorze ou quinze par série. Entre les deux rangées se trouvent quelques granules qui serpentent dans toute la longueur de l'aire.

Aires interambulacraires de moyenne largeur, portant deux rangées de tubercules assez gros, fortement mamelonnés, imperforés et incrénelés ; ils sont au nombre de sept à huit par rangée, diminuant régulièrement de volume en-dessus et en-dessous. Zone miliaire large, occupée par des granules assez gros, formant deux rangées plus ou moins régulières qui n'atteignent pas le sommet. En dehors des gros tubercules, se trouvent, près de la zone porifère, trois ou quatre granules très distants.

Péristome largement ouvert, à fleur de test, marqué d'entailles distinctes ; les lèvres ambulacraires sont moins grandes que les lèvres interambulacraires.

Périprocte subarrondi, entouré d'un cadre triangulaire formé par les échancrures des plaques génitales, au milieu desquelles il est placé.

Rapports et différences. — Les granules intercalés entre les tubercules ambulacraires semblent rapprocher le *Goniopygus Durandi* du *G. royanus* ; mais ces deux espèces n'ont guère que ce point de ressemblance ; la taille, la forme, l'aspect des plaques apicales, les zones porifères, tout est dissemblable. Notre espèce peut aussi être comparée au *G. Menardi* pour son appareil apical et sa taille ; elle s'en distingue facilement par ses granules ambulacraires, par sa zone miliaire plus garnie, par l'espace qui sépare les gros tubercules des zones porifères beaucoup moins granuleux. C'est du *G. Meslei* que nous avons décrit précédemment (1), que le *G. Durandi* se rapproche le plus. La forme et la taille sont à peu près semblables ; mais des caractères bien tranchés séparent facilement ces deux types voisins. L'aire ambulacraire est plus large dans l'espèce qui nous occupe, les tubercules sont moins serrés, les granules intermédiaires sont plus gros et plus distants ; la zone miliaire est plus large, occupée par des granules plus irrégulièrement disposés ; les gros tubercules sont moins nombreux. Nous ne pouvons pas comparer l'appareil apical qui est trop mal conservé sur notre unique exemplaire du *G. Meslei* ; mais le périprocte paraît y avoir été plus largement ouvert.

LOCALITÉ. — Le *Goniopygus Durandi* a été recueilli par M. Durand sur la longue crête dolomitique de Mecied, près de Brésina, accompagné de l'*Orthopsis miliaris*, du *Cyphosoma Maresi*, de l'*Otostoma Fourneli*, etc. Étage santonien. Nous en avons dix exemplaires.

Collections Durand, Gauthier.

EXPLICATION DES FIGURES. — Pl. VIII, fig. 11, *Goniopygus Durandi*, de la collection de M. Durand, vu de côté ; fig. 12, face sup. ; fig. 13, face inf. ; fig. 14, portion de l'aire ambulacraire grossie ; fig. 15, plaque interambulacraire grossie ; fig. 16, tubercule interambulacraire grossi, vu de profil.

(1) 5ᵉ fascicule, page 223.

SALENIA SCUTIGERA, Gray, 1835 (Munster 1826).

SALENIA SCUTIGERA, Peron. *Bull Soc. géol. de Fr.*, t. XXVII, p. 601, 1870.

Exemplaires de taille moyenne, plus ou moins élevés, renflés au pourtour, déprimés en-dessus et en-dessous.

Appareil apical en forme de plastron, composé de cinq plaques génitales grandes, irrégulières, perforées au milieu, et de cinq plaques ocellaires à peu près triangulaires, s'intercalant à la partie extérieure entre les plaques génitales. Une grande plaque supplémentaire, subpentagonale, occupe le centre de l'appareil, et rejette le périprocte en arrière et à droite. Dans la plaque génitale antérieure de droite, on voit autour du pore oviducal une dépression irrégulière qui représente le corps madréporiforme. Toutes les sutures de l'appareil sont ornées de petits trous.

Zones porifères légèrement onduleuses, composées de pores petits et arrondis, disposés par simples paires, déviant de la ligne droite et se multipliant près du péristome, surtout dans les grands exemplaires. Aires ambulacraires très-étroites ; les deux rangées de granules ne laissent entre elles aucun espace libre à la partie supérieure ; elles s'écartent peu à peu à la partie inférieure, et l'on aperçoit alors quelques rares granules dans l'intervalle.

Aires interambulacraires larges, portant deux rangées de gros tubercules crénelés et imperforés, entourés de scrobicules assez larges, au nombre de quatre ou cinq par série.

Zone miliaire bien développée, formée de granules de deux sortes : ceux qui occupent le milieu sont très petits ; les autres, plus gros, forment une bordure de chaque côté, ou pénètrent au milieu des tubercules et se rangent en cercle autour d'eux.

Péristome de grandeur moyenne, subdécagonal, marqué de dix entailles relevées sur les bords.

Périprocte irrégulièrement ovale, entouré par l'appareil apical, où la plaque supplémentaire le rejette en arrière en dehors de l'axe antéro-postérieur.

Rapports et différences. — Les exemplaires du *Salenia scutigera* recueillis en Algérie sont parfaitement conformes à ceux

qu'on rencontre en France ; le type en paraît même plus stable
que celui de la Touraine qui, comme on le sait, comporte plusieurs variétés, par suite surtout de la différence des ornements
que présente l'appareil apical. L'ornementation de nos exemplaires est d'ailleurs celle qu'on rencontre le plus souvent, c'est-
à-dire qu'elle consiste en perforations délicates, suivant la suture
des plaques, sans déchirures ni aspérités. L'appareil apical est
généralement peu relevé dans les exemplaires africains, moins
saillant dans la partie périproctale ; mais ces variations de
formes se retrouvent aussi dans les exemplaires français, quand
on en examine une série nombreuse. Les autres caractères sont
identiques ; il n'y a donc pas de divergences sérieuses, et nous
ne croyons pas que le rapprochement que nous faisons puisse
être contesté.

LOCALITÉ. — Environs de Mansourah, au sud des Portes de Fer
(Dép. de Constantine). Etage santonien. Assez rare.

Collections Peron, Gauthier.

SALENIA MAURITANICA, Coquand 1880.

SALENIA MAURITANICA, Coquand, *Bull. de l'Acad. d'Hippone*, p. 332, 1880.

La création de cette espèce nouvelle nous paraît être le résultat
d'une confusion ; nous croyons qu'il faut la retrancher du cato-
logue des échinides algériens.

ORTHOPSIS MILIARIS, Cotteau, 1864.

ORTHOPSIS MILIARIS, Cotteau, *Paléont. Française*, terr crét., t. VII, p. 563.
   —   —   Peron, *Bull. Soc. géol. de Fr.*, t. XXVII, p. 401, 1870.
   —   —   Coquand, *Bull. de l'Acad. d'Hippone*, p. 330, 1880.

Nous ne reproduirons pas ici ce que nous avons dit au sujet
de l'*Orthopsis miliaris* dans notre cinquième fascicule (1). Les
exemplaires recueillis dans le santonien de l'Algérie ne sauraient
être distingués de ceux du cénomanien, et l'on y peut voir à la fois
et la variété *granularis* et la variété *miliaris*. C'est un type qui

(1) Page 213.

persiste depuis la craie moyenne jusqu'à la craie supérieure, car nous le retrouverons encore au-dessus de l'étage qui nous occupe, jusque dans le dordonien supérieur.

Cette espèce a déjà été citée dans le santonien de l'Algérie, par M. Peron (1). M. Cotteau l'a mentionnée dans les environs de Batna, où elle a été recueillie par M. Schlumberger. On la trouve, en effet, dans cette localité, mais dans les couches cénomaniennes. Il n'y aurait d'ailleurs rien d'impossible à ce qu'elle ait été rencontrée à un horizon plus élevé. M. Coquand, dans son catalogue récent, semble croire que nous n'avons constaté la présence de l'*Orthopsis miliaris* que dans le cénomanien. Nous croyons cependant nous être expliqués clairement dans la discussion où nous avons réuni en une seule espèce deux variétés qu'on croyait auparavant cantonnées séparément, l'une dans le cénomanien, l'autre dans le santonien.

Localité. — Les Tamarins (Mezab el Messaï), Medgès el Fou-kani, département de Constantine. Crêtes de Mecied, département d'Oran. Etage santonien.

Collections Peron, Gauthier, Jullien, Durand.

(1) *Bull. Soc. géol.*, t. XXVII, p. 601, 1870.

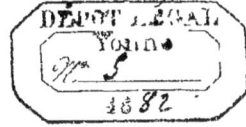

ÉTAGE CAMPANIEN

HEMIPNEUSTES AFRICANUS, Deshayes, 1848.

Pl. IX, fig. 1-4.

HEMIPNEUSTES AFRICANUS, Deshayes, *in* Agassiz et Desor, *Catal. raisonné des Ech.*
p. 137, 1848.
— — Bayle, *in* Fournel. *Rich. miner. de l'Algérie*, t. I, p. 375,
pl XVIII, fig 45 47, 1849
— — Coquand, *Mém de la Soc. d'Émul. de la Prov*, t. II, p.
238, pl. XXIII, fig. 9 11, 1862.
— — Brossard, *Const. géol. de la subd. de Sétif*, p. 242, 1867.
— — Coquand, *Bull. de l'Académie d'Hippone*, n° 15, p. 419,
1880.

Test de grande taille, très élevé, subconique, ovoïde à la partie supérieure, avec une légère carène entre le sommet et le périprocte, plat en dessous. Base ovale, mais peu allongée, échancrée en avant par le sillon ambulacraire et en arrière par le sinus périproctal.

Apex situé au point culminant, à peu près central. Appareil apical allongé, comme celui des *Holaster*, médiocrement déve-loppé ; plaques irrégulières, symétriquement disposées ; corps madréporiforme peu étendu et d'apparence spongieuse.

Ambulacre impair logé dans un sillon large et peu sensible près du sommet et au milieu de la hauteur. Ce n'est qu'à partir du tiers inférieur qu'il se creuse profondément en devenant plus étroit ; il échancre fortement le bord et se prolonge jusqu'à la bouche. Les pores sont très petits, séparés par un renflement granuliforme, obliquement disposés, par paires assez distantes, mais régulièrement placées et visibles jusqu'au bord inférieur. L'espace qui sépare les deux zones est couvert d'une granulation fine et serrée, au milieu de laquelle se dessinent des tubercules assez nombreux, mais petits, qui font contraste avec d'autres beaucoup plus gros accompagnant extérieurement et sur plusieurs rangées les zones porifères.

Ambulacres pairs antérieurs flexueux, très longs, car ils descendent presque jusqu'au bord, largement ouverts à l'extrémité. Zones porifères très inégales ; l'antérieure étroite, presque rectiligne, montrant des pores à peine allongés à la partie supérieure du test, un peu plus grands au milieu et un peu plus écartés, avec tendance à se disposer en chevrons ; la postérieure, étroite d'abord près du sommet, puis s'élargissant très vite, au point d'atteindre vers le milieu, sur notre exemplaire, cinq millimètres ; se rétrécissant, enfin, près du bord inférieur où elle finit en pointe. Les pores internes ne sont guère plus grands que dans l'autre zone ; les externes sont très allongés et forment comme un grêle sillon horizontal. Le bourrelet qui sépare les paires de pores est couvert de granules inégaux dont les plus gros forment une rangée régulière. L'espace qui sépare les zones porifères atteint sept millimètres.

Ambulacres postérieurs également flexueux, un peu moins longs que les antérieurs, quoique très étendus, offrant la même disproportion entre les deux zones, sauf que la première est un peu moins étroite et l'autre un peu moins large ; pour tout le reste, la disposition est la même.

Péristome placé au quart antérieur, semi-lunaire, fortement labié en arrière, creusé en avant. Les pores qui l'entourent se prolongent dans les avenues ambulacraires sur toute la face inférieure, et vont ostensiblement rejoindre les ambulacres supérieurs. Dans leur partie postérieure, ces avenues ambulacraires, qui entourent le plastron, ne prennent pas la direction de la partie pétaloïde qui descend du sommet ; et ce n'est que par un coude subit, près du bord, qu'elles s'y rattachent.

Périprocte supramarginal, ovale, placé très bas dans un enfoncement du test qui le rend invisible de la face supérieure et produit un sinus très sensible à la base.

Tubercules médiocrement développés, crénelés et perforés, également répandus et uniformes sur toute la partie supérieure, excepté dans la bordure du sillon de l'ambulacre impair, où ils sont beaucoup plus prononcés. A la face inférieure, ils augmentent de volume et sont surtout beaucoup plus serrés.

Rapports et différences. — Les espèces connues appartenant au genre *Hemipneustes*, sont au nombre de cinq, toutes spéciales au même horizon et parquées dans des localités bien définies (1). Une se rencontre à Maëstricht et dans la Dordogne, c'est la plus anciennement décrite ; deux dans les terrains crétacés supérieurs des Pyrénées ; deux en Algérie. C'est de l'*Hemipn. radiatus* de Maëstricht que se rapproche le plus l'espèce que nous décrivons ; elle s'en distingue par sa forme plus conique et plus élevée, par son profil postérieur moins déprimé, par son sillon antérieur bien moins régulier, presque plat et beaucoup plus large à la partie supérieure, échancrant plus fortement l'ambitus et bordé de tubercules plus gros. La forme est moins allongée et la granulation bien différente. En somme, l'*Hemipneustes africanus* forme un type tout particulier et qu'il est bien facile de distinguer de ses congénères.

HISTOIRE. — Signalé d'abord par Deshayes, dans le *Catalogue raisonné*, l'*Hemipneustes africanus* fut décrit et figuré par M. Bayle, en 1849, dans l'ouvrage de Fournel sur la *Richesse minéralogique de l'Algérie*. Il fut figuré de nouveau par Coquand dans ses *Études sur la province de Constantine*. La forme remarquablement élevée de cet oursin l'a toujours fait distinguer facilement des autres espèces, et il n'y a jamais eu de confusion à ce sujet. L'exemplaire que nous faisons dessiner n'est pas celui qui a servi de type spécifique ; mais il en reproduit exactement tous les caractères.

LOCALITÉ. — L'*Hemipneustes africanus* a été recueilli entre El-Kantara et El-Outaïa, département de Constantine. Étage campanien.

Collections Jullien, Cotteau, Coquand, École des Mines de Paris.

EXPLICATION DES FIGURES. — Pl. IX, fig 1, *Hemipneustes africanus*, de la coll. Jullien, vu de profil ; fig. 2, face sup. ; fig. 3, appareil apical grossi ; fig. 4, partie anale grossie.

---

(1) Toutefois, M. Manzoni, dans un travail, publié en 1878, sur les oursins des environs de Bologne, indique la présence du genre *Hemipneustes* dans le terrain miocene, *Gli Echinodermi foss. dello schlier della collina di Bologna.*

HEMIPNEUSTES DELETTREI, Coquand, 1862.

Pl. X, fig. 1-4.

HEMIPNEUSTES DELETTREI, Coquand, *Mém. de la Soc. d'Emul.*, t. II, p. 239, pl. XXIV,
fig. 1-3, 1862

—   —   Brossard, *Const. de la subd de Sétif*, p. 242, 1867.

—   —   Coquand, *Bull. de l'Acad. d'Hippone*, n° 15, p. 449, 1880.

Test de grande taille, allongé, épais, sensiblement plus long
que large, dont la hauteur ne dépasse que peu la moitié de la
longueur, profondément échancré au bord antérieur, tronqué en
arrière. Le profil supérieur forme une courbe assez régulière, un
peu déprimée au sommet qui est le point culminant, légèrement
renflée et plus déclive à la partie postérieure. Bord épais, mais
non arrondi ; dessous légèrement convexe.

Apex à peu près central, plutôt rejeté en arrière. Appareil
apical médiocrement développé, comme dans l'espèce précédente. Le corps, madréporiforme, d'apparence spongieuse et
rattaché à la plaque génitale droite antérieure, occupe le centre.

Ambulacre impair placé dans un sillon large et évasé près du
sommet ; plus large encore et à peine creusé au milieu de la
hauteur, se rétrécissant à peine au bord, mais beaucoup plus
profond. Zones porifères extrêmement étroites, filiformes, composées de pores très petits, obliques réciproquement, séparés
dans chaque paire par un renflement granuliforme. Les paires
sont assez rapprochées et restent visibles dans toute la longueur.

Ambulacres pairs antérieurs larges, longs et sensiblement
arqués. Ils sont composés de deux zones porifères très inégales ;
l'antérieure est droite, extrêmement étroite, linéaire près du
sommet et jusqu'à moitié de sa longueur ; un peu plus large vers
le bas, sans cependant atteindre complètement un millimètre.
Pores très petits, serrés, disposés en chevrons à l'extrémité inférieure. La zone postérieure est flexueuse, fort large, bien que
les pores internes restent petits. Les externes sont très allongés,
acuminés, reliés aux autres par un sillon. L'espace qui sépare

les deux zones est considérable et atteint jusqu'à huit millimètres.

Les ambulacres postérieurs offrent la même disposition. Ils
sont seulement un peu plus courts et un peu moins larges.

Péristome semi-lunaire, fortement labié en arrière, creusé en
avant; il est situé au quart antérieur. Comme dans l'espèce précédente, les avenues ambulacraires ne rejoignent les pétales
supérieurs qu'en formant un coude très prononcé.

Périprocte grand, presque rond, supramarginal, placé très
bas dans un sinus du test qui entame fortement la face inférieure
et le bord.

Tubercules nombreux, petits, homogènes à la face supérieure,
sauf sur les bords du sillon impair où ils sont beaucoup plus
accentués. Ils sont un peu plus développés et serrés à la face
inférieure. Granules très fins, remplissant l'intervalle qui sépare
les tubercules.

Rapports et différences. — L'*Hemipneustes Delettrei* a plus d'un
caractère commun avec l'*Hemipn. africanus* qu'on rencontre à
peu près dans les mêmes localités. La disposition des ambulacres
est analogue; le sillon ambulacraire est presque semblable. Il
est, cependant, un peu plus creusé, mieux limité à la partie
supérieure, moins rétréci près du bord, et les tubercules qui
l'accompagnent sont moins accusés. La forme générale du test
est complétement différente ; si l'un est le plus conique des
Hemipneustes connus, l'autre, au contraire, celui qui nous
occupe, est le plus déprimé. Il est beaucoup plus allongé, tronqué à la partie postérieure, le dessous est moins plat, le périprocte est plus rond et placé plus bas ; et, malgré les analogies
que nous avons signalées, on ne pourrait y voir une variété de la
même espèce. Parmi les trois types européens, c'est de l'*Hemipn.
Leymeriei* Hébert que l'*Hemipn. Delettrei* se rapproche le plus. Il
est facile, néanmoins, de les distinguer : l'espèce algérienne est
plus allongée, plus déprimée à la partie supérieure ; les ambulacres sont plus larges, le périprocte est placé plus bas ; le sillon
antérieur, quoique assez semblable près du sommet, est plus
large, bordé de tubercules plus développés et échancre bien plus
sensiblement le bord. On ne saurait le comparer aux deux

autres espèces, l'*Hemipn. radiatus* et l'*Hemipn. pyrenaïcus*; car, outre un grand nombre de caractères distinctifs, il en est un qui frappe tout de suite, c'est la forme du sillon antérieur qui, dans ces deux dernières espèces, creusé dès le voisinage du sommet et toujours étroit, conserve une forme de rigole très caractéristique.

L'exemplaire que nous faisons figurer est le même qui a déjà servi de type, quand l'espèce a été décrite pour la première fois par Coquand.

LOCALITÉ. — Djebel Rh'arribou, à la base de la montagne de sel d'El-Outaïa, dans les couches les plus élevées de l'étage campanien, selon Coquand. — Kermouk, subdivision de Sétif.

Collections Coquand, école des mines, Cotteau, Gauthier.

EXPLICATION DES FIGURES. — Pl. X, fig. 1, *Hemipneustes Delettrei*. de la coll. Coquand, vu de profil ; fig. 2, le même, face supérieure ; fig. 3, appareil apical grossi ; fig. 4, partie postérieure.

RÉSUMÉ SUR LES HEMIPNEUSTES.

Sur cinq espèces connues jusqu'à ce jour, l'Algérie en possède deux : *Hemipneustes africanus*, *Hemipn. Delettrei*. L'une et l'autre ont été recueillies dans le département de Constantine et appartiennent à l'étage campanien, sans s'être jamais montrées ni au-dessous, ni au-dessus.

Aucune d'elles n'a encore été rencontrée en Europe.

HEMIASTER SUPERBISSIMUS, Coquand, 1880.

Pl. XI, fig. 1.

HEMIASTER SUPERBISSIMUS, Coquand, *Bull. de l'Acad. d'Hippone*, n° 15, p. 264, 1880.

Long , 64 mill.   Larg., 62 mill   Haut , 40 mill.

Espèce de très grande taille, subcordiforme, sinueuse à la partie antérieure, rétrécie et tronquée carrément en arrière, médiocrement élevée, déclive en avant et vers la partie postérieure, renflée en dessous. Le point culminant est un peu en arrière de l'apex.

Appareil apical situé dans une dépression, peu développé. Les quatre pores génitaux affectent une disposition trapézoïde ; le corps madréporique fait saillie au centre et présente une apparence spongieuse.

Ambulacre impair placé dans un sillon régulier, assez creux et médiocrement élargi près du sommet, plus évasé près du bord où il échancre amplement le pourtour. Zones porifères étroites, rectilignes, écartées ; les pores sont séparés par un renflement granuliforme. L'espace intermédiaire va s'élargissant comme le sillon, et il est couvert de fins tubercules et de granules compactes et homogènes.

Ambulacres pairs antérieurs droits, pétaloïdes, logés dans des sillons très larges et très longs, atteignant le pourtour.

Zones porifères égales, composées de pores égaux, allongés, acuminés à la partie interne, conjugués par un sillon. La plaquette qui sépare les paires de pores montre une rangée de granules. L'espace qui sépare les zones est aussi large que l'une d'elles, orné de quelques lignes horizontales de petits tubercules, qui ne sont que la prolongation de celles des plaquettes. La plus grande largeur du sillon atteint neuf millimètres et la longueur trente-quatre.

Ambulacres pairs postérieurs un peu plus courts et un peu moins larges que les antérieurs, offrant, du reste, la même disposition et les mêmes détails.

Aires interambulacraires renflées, faisant saillie au-dessus des sillons ; la postérieure impaire est légèrement carénée près du sommet.

Péristome situé au quart antérieur, dans une dépression. Il était, sans doute, fortement labié avec lèvre postérieure proéminente ; mais il est mal conservé sur le seul exemplaire que nous connaissions.

Périprocte assez grand, ovale longitudinalement, au sommet d'une aire bien circonscrite, entourée de nodosités et occupant presque toute la face postérieure, qui est verticale.

Fasciole péripétale étroit, mais nettement dessiné ; il passe, en avant, tout près du bord, en arrière, au-dessus du périprocte ; sur les côtés, il forme deux replis à angles vifs pour remonter

presque jusqu'à moitié de la longueur de l'ambulacre pair antérieur.

Tubercules assez nombreux à la partie supérieure, médiocrement développés, un peu plus saillants en-dessous. Granulation
fine et homogène, occupant l'espace qui sépare les tubercules.

Rapports et différences. — Cette espèce a été créée par Coquand
sur un exemplaire unique, que nous avons entre les mains. Cet
exemplaire, assez bien conservé pour les détails du test, a été
un peu écrasé et déformé, ce qui n'empêche pas cependant de
se rendre compte de la forme générale. L'*Hemiaster superbissimus* est remarquable par sa grande taille, par le développement
extraordinaire de ses sillons ambulacraires. Coquand l'a comparé aux grands individus de l'*H. batnensis* ; il est certainement
plus large, moins allongé, moins rectangulaire et l'aspect des
ambulacres est tout différent. Il se rapprocherait plus, selon
nous, des grands exemplaires de l'*H. Fourneli*. Aucun d'eux,
cependant, à notre connaissance du moins, ne peut lui être assi-
milé : la forme de l'*H. superbissimus* est plus déprimée, plus
régulière à la partie supérieure, moins tourmentée, malgré la
largeur des sillons ; le périprocte est un peu plus grand ; mais
bien d'autres caractères n'offrent aucune différence ; la granulation, la direction du fasciole péripétale, l'appareil apical sont
les mêmes. Toutefois, comme nous ne connaissons pas de
variétés intermédiaires qui nous amènent à voir nettement dans
l'*H. superbissimus* la taille exagérée de l'*H. Fourneli*, nous
croyons devoir maintenir l'espèce créée par Coquand, jusqu'à ce
que des matériaux plus nombreux et des individus servant de
transition viennent démontrer si elle est réellement ou n'est pas
indépendante.

Localité — D'après l'ouvrage de Coquand, cet exemplaire a
été recueilli par M. Papier dans les assises campaniennes d'El-
Kantara, entre Batna et Biskra.

Collection Papier.

Explication des Figures. — Pl. XI, fig. 1, *Hemiaster superbissimus*, de la coll. de M. Papier, face supérieure.

HEMIASTER BROSSARDI, Coquand, 1880.

Pl. XI, fig. 2-5.

HEMIASTER BROSSARDI, Coquand, dans Brossard, *Subd. de Sétif*, p. 242, 1867.
—   —   Coquand, *Bull. de l'Acad. d'Hippone*, n° 15, p. 262, 1880.

Long., 27 mill	Larg , 24 mill.	Haut., 20 mill.
— 47	— 46	— 37
— 55	— 53	— 44

Espèce de grande taille, renflée, arrondie, un peu plus longue que large, beaucoup plus épaisse en arrière du sommet qu'à la partie antérieure, sinueuse en avant, à peine tronquée et oblique postérieurement. Pourtour pulviné, non anguleux, dessous convexe.

Apex à peu près central, un peu porté vers l'avant, déprimé. Appareil apical large et peu allongé, montrant quatre pores oviducaux très rapprochés dans le sens antéro-postérieur, très écartés transversalement. Le corps madréporiforme, d'apparence spongieuse, occupe le centre ; tout l'appareil est finement granuleux.

Ambulacre impair placé dans un sillon large et médiocrement profond, qui s'atténue au pourtour et s'efface presque complétement en approchant du péristome. Zones porifères écartées, longues, composées de paires de pores assez serrées. Les pores sont obliques, séparés par un renflement granuliforme, et, vers le bas de l'aire, ils ont une tendance à se disposer en chevrons. L'espace qui sépare les zones est large et finement granuleux.

Ambulacres pairs droits, longs, les postérieurs un peu moins étendus que les antérieurs. Ils sont placés dans des sillons bien limités, médiocrement creusés, ne laissant aucune trace au-delà de la partie pétaloïde. Zones porifères droites et égales. Pores allongés, acuminés, presque égaux, les internes étant, néanmoins, un peu plus courts que les autres. Ils sont conjugués par un sillon, et le petit bourrelet qui sépare les paires porte une rangée horizontale de granules. L'espace interporifère n'excède guère la largeur d'une des zones et paraît à peu près lisse.

Aires interambulacraires renflées, faisant sensiblement saillie au-dessus des aires ambulacraires, sans être anguleuses. Les deux antérieures présentent au milieu un léger méplat qui dessine à peine deux carènes effacées.

Péristome placé au tiers antérieur, à fleur de test. Il est ovale, très petit relativement à la taille de l'oursin, entouré dans tout son circuit d'un mince repli qui forme une lèvre relevée et uniforme. Les avenues ambulacraires qui l'entourent sont à peine distinctes.

Périprocte médiocrement développé, s'ouvrant à l'extrémité supérieure d'une aire anale indécise, mieux marquée cependant vers le bord inférieur, où elle est entourée de légères nodosités.

Fasciole péripétale partout visible, étroit, passant à l'extrémité des ambulacres et formant sur les côtés un fort repli.

Tubercules relativement assez gros à la face supérieure, saillants, peu serrés et irrégulièrement disséminés. A la face inférieure, ils augmentent considérablement de volume, surtout en avant.

Des radioles assez nombreux se trouvent conservés sur un de nos exemplaires, principalement au pourtour et à la face inférieure. Ils ont l'aspect des radioles de tous les spatangoïdes, aciculés, finement striés, avec bouton très saillant. Nous n'avons pas ceux des plus gros tubercules qui entourent le péristome.

Outre nos exemplaires complets, nous possédons un fragment qui mérite une mention particulière, à cause de ses proportions plus considérables. Le test entier devait excéder soixante millimètres en longueur. Les sillons ambulacraires sont plus profonds et plus larges que dans les individus moins développés, et, dès lors, les aires interambulacraires forment une saillie plus accentuée et donnent ainsi à l'ensemble un aspect plus anguleux.

Rapports et différences. — La forme épaisse et partout arrondie de l'*Hemiaster Brossardi*, la petitesse de son péristome et de son périprocte, sa face inférieure convexe, l'apparence assez rugueuse du test, par suite du développement des tubercules, donnent à cette espèce une physionomie particulière, que nous ne saurions rapprocher d'aucune des espèces précédemment décrites. Nous ne connaissons également aucune espèce européenne à laquelle on puisse la comparer : c'est un type tout particulier.

LOCALITÉ. — M. Brossard a recueilli les exemplaires qu'a décrits Coquand à Krafsa et à El-Azara. L'un de nous et M. Le Mesle ont rencontré cette espèce assez abondamment au sud de Medjès el Foukani. Étage campanien. Nos exemplaires, comparés à ceux de Coquand, ne laissent aucun doute sur l'identité du type que nous faisons dessiner.

Collections Coquand, Peron, Gauthier, Cotteau, de Loriol, Le Mesle.

EXPLICATION DES FIGURES. — Pl. XI, fig. 2, *Hemiaster Brossardi*, de la collection de M. Peron, vu de profil; fig. 3, face sup.; fig. 4, autre exemplaire de la collection de M. Peron, face inf.; fig. 5, péristome grossi.

HEMIASTER MEDJESENSIS, Peron et Gauthier, 1881.

Pl. XII, fig. 1-2.

Long., 53 mill. Larg., 52 mill. Haut., 31 mill

Espèce de grande taille, presque aussi large que longue, rétrécie et fortement échancrée en avant, tronquée en arrière, renflée en-dessous. Le profil du test forme une courbe tombant presque à pic à la partie antérieure et descendant à la partie postérieure par une pente moins rapide.

Apex excentrique en avant. Appareil apical assez étendu, large, les deux pores génitaux se touchant presque de chaque côté dans le sens de la longueur et étant écartés, au contraire, dans le sens transverse. Le corps madréporiforme occupe le centre et même se prolonge sensiblement en arrière. Tout l'appareil a un aspect granuleux fort remarquable, et, de plus, cette granulation déborde sur la partie aiguë des aires interambulacraires qui avoisine le sommet, ou du moins la granulation qui couvre l'extrémité de ces aires est semblable à celle de l'appareil.

Ambulacre impair logé dans un sillon large, profond, limité par deux bords saillants et noduleux. Les paires de pores sont nombreuses et assez serrées d'abord, plus écartées en s'éloignant du centre. Pores petits, obliques, séparés par un renflement bien marqué. L'espace qui sépare les zones est couvert d'une granulation très fine ; quelques tubercules de petite taille apparaissent près des pores.

Ambulacres pairs très longs, très larges et égaux, les postérieurs ne le cédant en rien aux antérieurs. Les sillons profonds qui les contiennent descendent presque jusqu'au bord. Zones porifères égales, composées de pores allongés, acuminés à la partie interne, conjugués par un sillon à peine sensible. Les plaquettes qui séparent les paires sont assez larges et portent une rangée de granules. L'espace qui sépare les zones est moins large que l'une d'elles.

Péristome placé au quart antérieur de la longueur totale, semi-lunaire, avec lèvre postérieure très proéminente.

Périprocte ovale, assez grand, placé au sommet de la face postérieure qui, dans l'exemplaire que nous décrivons, est un peu déformée et ne peut pas être décrite avec précision.

Fasciole péripétale étroit, mais bien marqué et anguleux. Dans chaque interambulacre il dessine un pli aigu, surtout dans les interambulacres pairs postérieurs, où il remonte subitement à plus de moitié de la hauteur, pour redescendre ensuite à l'extrémité du pétale qui le ramène presque jusqu'au bord.

Tubercules nombreux et très petits à la partie supérieure, sauf sur les bords du sillon impair où ils sont plus développés. Ils augmentent de volume à la face inférieure. La granulation est peu distincte et peu abondante.

Rapports et différences. — La taille de l'*Hemiaster medjesensis,* ses ambulacres longs et larges, semblent le rapprocher de l'*H. superbissimus* ; mais les deux espèces ne se ressemblent nullement. L'*H. medjesensis* se distingue facilement par son sommet plus excentrique en avant, par ses ambulacres égaux en longueur, par sa partie antérieure descendant subitement vers le bord, par ses tubercules tout autrement disposés, par son fasciole, beaucoup plus anguleux. C'est du *Linthia Payeni,* que nous décrirons plus loin, qu'il faut le rapprocher ; nous ajouterons même que nous avons hésité à les séparer et que des matériaux plus abondants amèneront peut-être un jour à les réunir. L'espèce que nous décrivons est représentée par un seul exemplaire, fort remarquable d'ailleurs. Presque tous les caractères spécifiques lui sont communs avec le *Linthia Payeni,* qui se rencontre dans les mêmes couches. Les seules différences qui nous ont engagés à les séparer sont : d'abord la longueur des ambulacres pairs postérieurs dans l'*H. medjesensis.* Aucun de nos *Linthia,* bien que de même taille, n'offre un' pareil développement des pétales ambulacraires, malgré les variations sensibles que présentent, dans cette partie, plusieurs de nos exemplaires ; de plus, l'*H. medjesensis,* comme l'indique l'attribution générique que nous lui donnons, ne montre pas de fasciole latéral, quoique le test soit nettement conservé dans la région où devrait se trouver ce second fasciole. Dans l'état des choses, nous avons cru devoir tenir compte de ces deux caractères importants et décrire séparément ces deux types.

LOCALITÉ. — Medjès el-Foukani. Étage campanien.
Collection Peron. Très rare.

EXPLICATION DES FIGURES. — Pl. XII, fig. 1, *Hemiaster medjesensis,* de la collection Peron, face sup. ; fig. 2, appareil apical grossi.

HEMIASTER MESSAÏ, Peron et Gauthier, 1880.

Nous avons dit, dans notre fascicule précédent (1), que l'*Hemiaster Messaï* ne se rencontre ni à Medjès, ni à Djelfa, dans l'étage santonien, malgré l'abondance des *Hemiaster Fourneli* qui se trouvent dans ces localités. Rien, depuis, n'est venu infirmer cette observation. Mais, si cette espèce ne se rencontre pas à Medjès dans le santonien, elle s'y rencontre dans le campanien, et peut-être en est-il de même aux Tamarins ; car les exemplaires de l'*H. Messaï* qu'on y recueille ne sont pas dans les mêmes couches que l'*H. Fourneli,* mais un peu au-dessus. Les notes que l'un de nous a rapportées sur cette localité ne précisent rien à ce sujet, la distinction des étages n'étant pas encore bien faite à cette époque. Il n'y a donc qu'une présomption, qui aura besoin d'être vérifiée sur place, que partout l'*H. Messaï* est campanien. Les exemplaires recueillis à Medjès offrent quelques

1) Page 65.

différences avec ceux des Tamarins : les ambulacres pairs sont
souvent un peu moins larges et le péristome semble être généralement plus petit (1). Ces variations n'ont, d'ailleurs, rien
d'absolu, car on trouve parmi les exemplaires des Tamarins des
individus dont le péristome est aussi exigu que dans ceux de
Medjès, et la largeur des ambulacres pairs varie dans cette
dernière localité. Les autres caractères n'offrent aucune différence appréciable ; les pores oviducaux sont tout aussi écartés
en largeur ; le sillon impair présente le même développement
considérable, qui est le cachet principal de l'espèce ; la forme est
bien la même. Nous avons déjà remarqué (2) pour d'autres
espèces que les exemplaires de Medjès diffèrent un peu de ceux
des Tamarins ; le fait se reproduit ici, et cette influence locale
est assez curieuse.

HEMIASTER FOURNELI, Deshayes, 1848.

MICRASTER FOURNELI, Brossard, *Const. de la subd. de Sétif*, p. 242, 1867.

L'un de nous a recueilli dans la couche à *Hemiaster Brossardi*
de nombreux exemplaires que nous n'hésitons pas à rapporter à
l'*H. Fourneli*. La physionomie générale est bien celle de cette
espèce, et il ne serait pas facile de trouver des caractères distinctifs ayant quelque valeur. Néanmoins, ces exemplaires cam-
paniens offrent des variations de toute sorte ; il semble qu'il n'y
ait plus rien de fixe dans le type : les uns sont plus renflés,
d'autres, plus allongés ou plus rectangulaires ; les ambulacres
sont plus étroits ou plus larges, tantôt longs, tantôt courts. On
peut, cependant, établir deux séries. Dans l'une, la plus fréquente, les individus ont le péristome un peu plus grand, le
dessous plus plat, les ambulacres postérieurs moins allongés ;
dans l'autre, le péristome est plus étroit, la partie inférieure plus
régulièrement bombée, les ambulacres tantôt plus resserrés,
tantôt plus élargis, mais ordinairement plus longs. Une foule de

(1) Dans la figure que nous avons donnée dans notre 7ᵐᵉ fascicule (pl. IV, fig. 4),
la grandeur du péristome se trouve exagérée, et fait exception en la comparant aux
autres exemplaires, qui ont tous cette ouverture plus restreinte et plus ronde.

(2) Page 93

types intermédiaires, variables eux-mêmes, réunissent ces deux séries, et tous font retour à l'*H. Fourneli,* qui, déjà dans le santonien, offrait de nombreuses variations. Dans le campanien, la taille est généralement plus petite.

HEMIASTER ARARENSIS, Coquand, 1880.

HEMIASTER ARARENSIS, Coquand, *Bull. de l'Acad. d'Hippone*, n° 15, p. 267, 1880.

Nous avons entre les mains l'exemplaire unique que Coquand a décrit sous le nom d'*Hemiaster ararensis.* Cet exemplaire n'est pas même complet, et nous ne sommes pas certains de sa valeur spécifique. C'est un individu de taille moyenne, renflé, déclive d'arrière en avant, échancré à la partie antérieure, plat en dessous. Les ambulacres sont logés dans des sillons assez profonds. La partie postérieure fait défaut. Cet individu manque de physionomie ; peut-être n'est-il qu'une forme exagérée de quelqu'une des espèces que nous avons décrites. Il nous faudrait plusieurs exemplaires pour que nous soyons certains qu'il appartient bien à une espèce distincte.

Selon l'ouvrage de Coquand, l'*H. ararensis* a été recueilli par M. Brossard dans le campanien d'El-Arar, près Sétif, avec l'*H. Brossardi.*

Collection Coquand.

Autres espèces d'*Hemiaster* citées par Coquand dans l'étage campanien.

Hemiaster Barroisi. — *Bull. de l'Acad. d'Hippone,* n° 15, p. 263, 1880. — Espèce de forme circulaire, assez épaisse en arrière, à ambulacres très divergents et logés dans des sillons peu profonds. Un exemplaire unique, médiocrement conservé. Recueilli, d'après Coquand, au Djebel-Nechor, dans les environs de Sétif, par M. Brossard.

Hemiaster Guillieri. — *Bull.,* p. 266. — Recueilli par M. Brossard dans l'étage campanien d'El-Alleg (Sétif). L'espèce est représentée par cinq exemplaires qui nous paraissent appartenir à des types différents. Celui que la description vise particulièrement est notre *H. saadensis,* de l'étage cénomanien.

Hemiaster Schlüteri. — *Bull.*, p. 259. — Recueilli par M. Brossard dans l'étage campanien du Djebel-Mahdid, de Medjès et du Nechor. Les échantillons représentent cette espèce dans la collection Coquand appartiennent aussi à des types différents, et aucun d'eux n'ayant été ni figuré, ni désigné spécialement, il est difficile de se faire une idée de ce qu'était l'*H. Schlüteri* dans la pensée de son auteur.

La couleur de la gangue qui enveloppait ces échinides n'est pas celle des couches campaniennes que nous connaissons, et plusieurs de ces exemplaires nous ont déjà été communiqués comme cénomaniens.

Résumé sur les Hemiaster.

En ne tenant pas compte des types douteux, cinq espèces appartenant au genre *Hemiaster* ont été rencontrées dans l'étage campanien de l'Algérie : *H. Fourneli*, *H. Messai*, *H. superbissimus*, *H. Brossardi*, *H. medjesensis*.

Les deux premières ont déjà été décrites dans l'étage santonien ; les trois autres sont spécialement campaniennes. Une seule, *H. Fourneli*, se retrouve encore à un niveau supérieur.

Toutes ont été recueillies dans le département de Constantine.

Aucune n'a été signalée en Europe, du moins à cet horizon.

Linthia Payeni (Coquand, sp.), Peron et Gauthier, 1881.

Pl XII, fig. 3 8

Hemiaster Payeni, Coquand, dans Bros ard, *Subd. de Setif*, p. 242, 1867.
Hemiaster Payeni, Coquand, *Bull. de l'Acad. d'Hippone*, n° 15, p. 260, 1880.

Long , 33 mill.	Larg., 32 mill.	Haut., 22 mill.
— 45	— 44	— 35
— 45	— 45	— 30

Espèce d'assez grande taille, variable dans sa hauteur, mais toujours épaisse, presque aussi large que longue, fortement échancrée en avant, rétrécie et tronquée en arrière, bombée à la face inférieure. La carène de l'interambulacre postérieur fait le plus souvent saillie au-dessus de l'apex ; toutefois,· ce caractère n'est pas également prononcé dans tous les exemplaires.

Sommet apical excentrique en avant, ordinairement placé dans une petite dépression. Appareil large, nettement granuleux. Les pores oviducaux se touchent presque dans le sens de la longueur et sont très écartés dans le sens transversal, surtout les postérieurs. Le corps madréporiforme, d apparence spongieuse, est très étendu ; il occupe le centre et se prolonge sensiblement dans l'interambulacre postérieur, sans, cependant, dépasser de beaucoup les pores ocellaires, qui sont assez reculés.

Ambulacre impair logé dans un sillon large dès l'apex, profond et entamant fortement le bord antérieur. Zones porifères droites, portant des paires de pores assez rapprochées jusqu'à moitié de la hauteur, plus espacées ensuite et moins facilement visibles. Les pores sont petits, obliques réciproquement et séparés par un fort renflement granuliforme. Le fond du sillon est occupé par une granulation dense et sans tubercules.

Ambulacres pairs droits, larges, logés dans des sillons profonds et bien définis ; les antérieurs sont un peu plus longs que les postérieurs. L'étendue de ces derniers est, d'ailleurs, variable ; sur certains exemplaires, ils sont un peu plus allongés, et généralement ils perdent en largeur ce qu'ils gagnent en longueur. Zones porifères égales, composées de pores allongés, acuminés à la partie interne, égaux entre eux. Les paires sont assez distantes et la cloison qui les sépare, relativement large, ne porte néanmoins qu'une rangée de petits granules. L'espace qui sépare les zones n'égale pas l'une d'elles en largeur.

Aires interambulacraires fortement carénées près du sommet, moins saillantes à mesure qu'elles s'en éloignent, sauf la postérieure impaire dont la carène reste assez aiguë jusqu'au périprocte.

Péristome peu éloigné du bord, situé au quart antérieur de la longueur totale. La lèvre postérieure est très proéminente, tandis que la partie antérieure est déprimée, par suite de la profondeur du sillon ambulacraire.

Périprocte ovale, acuminé, placé au sommet de la face postérieure et entouré de nodosités légères qiu circonscrivent l'aire anale.

Fasciole péripétale anguleux à l'extrémité des ambulacres,

10

faisant un coude très marqué en arrière des ambulacres pairs antérieurs. C'est de ce coude que se détache le fasciole latéral qui fait suite à la direction première du fasciole péripétale, de sorte qu'on dirait que c'est ce dernier qui se détache du fasciole latéral. Il passe bien visiblement sous le périprocte, où il forme un pli en forme de V très accentué.

Tubercules nombreux, petits et homogènes à la face supérieure, devenant un peu plus gros en dessous, sans y prendre un grand développement. Une granulation assez irrégulière remplit les intervalles.

Rapports et différences. — Le *Linthia Payeni*, par sa taille développée, par ses ambulacres larges et profonds, par ses carènes interambulacraires saillantes, forme un type assez différent de ses congénères et facile à distinguer. Comparé au *L. Durandi*, il est plus relevé à la partie postérieure, plus anguleux et les ambulacres sont plus creusés. Sa grande taille pourrait porter à le comparer au *L. undulata :* mais les deux espèces n'ont guère que ce caractère commun ; les ambulacres sont tellement différents, qu'on ne saurait poursuivre plus loin la comparaison.

Un de nos exemplaires, d'une belle conservation, est plus court et plus large que les autres, car la largeur excède même un peu la longueur. Les carènes interambulacraires sont moins accentuées, les sillons un peu moins creusés. Il ne nous a, cependant, point paru qu'on pût le distinguer spécifiquement ; tous les autres caractères concordent si bien avec la description que nous venons de donner, qu'on ne peut voir dans ces différences que des divergences individuelles. Un autre exemplaire, dont nous avons donné à dessein les proportions, est beaucoup plus élevé que le type moyen ; mais ces détails, qu'il est bon de signaler, ne peuvent porter atteinte à l'unité de l'espèce.

LOCALITÉ. — Medjès el-Foukani (Kef matrek), les Tamarins ; et, d'après Coquand, Dra-Toumi, Krafsa, El Alleg, El Azara, M'ra el Bel, Djebel Mzeita et M'Karta. Étage campanien. — Assez abondant. Nous aurons à citer encore cette espèce dans le dordonien.

Coll. Peron, Cotteau, Gauthier, Coquand, Jullien, Le Mesle.

EXPLICATION DES FIGURES. — Pl. XII, fig. 3, *Linthia Payeni*, de la coll. Peron, vu de profil ; fig. 4, le même, face sup. ; fig. 5, face inf.; fig. 6, appareil apical grossi; fig. 7, face anale; fig. 8, péristome, autre exemplaire de la coll. Peron;

ECHINOBRISSUS PYRAMIDALIS, Peron et Gauthier.

Nous décrirons et figurerons cette espèce un peu plus loin, dans l'étage dordonien, où elle est plus abondante et où nous en avons rencontré des exemplaires plus grands et plus parfaits. Les cinq que nous possédons de l'étage campanien sont des jeunes, dont tous les caractères sont conformes aux autres, mais qui n'ont pas encore acquis tout leur développement. Du moins nous le jugeons ainsi; nous ne pensons pas que l'espèce soit toujours de petite taille dans le campanien, et il ne faut, sans doute, accuser de ce fait que notre pauvreté en matériaux de cet étage. Un de nos cinq exemplaires présente une forme tout à-fait exceptionnelle : il est plus allongé, moins élevé; la partie antérieure est plus élargie, plus carrée, la partie postérieure plus rostrée. Peut-être devrions-nous le séparer spécifiquement. Pour le moment, ce type n'est représenté que par un exemplaire, dont nous ne voyons même pas bien le péristome; nous nous contentons de le signaler, sans rien décider à cet égard.

LOCALITÉ. — Environs de Medjès el Foukani. Étage campanien.

Collection Peron.

ECHINOBRISSUS JULIENI, Coquand, 1862.

ECHINOBRISSUS JULIENI, Brossard, *Const. de la subd. de Sétif*, 242. 1867.

Cette espèce, abondante dans le santonien, se retrouve également dans le campanien de Medjès. Les exemplaires sont complétement identiques dans les deux étages, et il suffit de signaler ici le nouvel horizon habité par l'*E. Julieni* (1).

ECHINOBRISSUS PSEUDOMINIMUS, Peron et Gauthier.

Décrite dans le santonien, cette espèce se rencontre aussi à Medjès dans le campanien. Les exemplaires, mêlés aux jeunes de

---

(1) Les exemplaires que Coquand a désignés sous le nom d'*Echinob. Sch'uteri* (*Bull. acad. d'Hippone*, p. 295), ne nous paraissent pas pouvoir être séparés de l'*Ech. Julieni*, dont ils sont la grande taille.

l'*Echin. Julieni*, qu'on rencontre dans les mêmes couches, sont parfois assez difficiles à distinguer. Ils sont reconnaissables à leur forme un peu plus épaisse au bord, moins élargie et moins amincie en arrière. Dans quelques individus, les caractères spécifiques subissant de légères variations, la confusion devient possible. Un de nos exemplaires, petit et assez renflé, montre un sillon anal sensiblement moins allongé que tous les autres ; nous l'aurions rapproché, volontiers, de l'*Echinobrissus minimus*, des Martigues, si le même sillon n'était plus large. Dans ces espèces de petite taille, les distinctions spécifiques sont toujours difficiles ; elles le sont encore plus ici, où les jeunes d'une espèce ne diffèrent que très peu de la taille normale de l'autre.

SALENIA SCUTIGERA, Gray, 1835.

Nous réunissons à cette espèce, sans être bien certains de l'identité complète des rapports spécifiques, un exemplaire mal conservé, recueilli par M. Le Mesle dans les couches à *Hemiaster Brossardi*. L'appareil apical n'est visible qu'en partie ; les ambulacres sont étroits et presque rectilignes, les tubercules interambulacraires au nombre de cinq et médiocrement développés, la zone miliaire est assez large et granuleuse, caractères qui conviennent tous à l'espèce à laquelle nous rapportons notre échantillon. L'aspect général est, en outre, celui des exemplaires du *Salenia scutigera* que nous avons décrits dans le santonien.

CYPHOSOMA MARESI, Cotteau.

Un exemplaire, assez mal conservé, nous paraît appartenir incontestablement à cette espèce, depuis longtemps connue et dont le gisement principal est dans l'étage santonien. Les détails des ambulacres, des zones porifères, sont les mêmes ; les tubercules interambulacraires forment également de chaque côté deux rangées, dont l'extérieure est moins complète. Le péristome a les mêmes dimensions. La seule différence qu'on puisse constater, c'est que le test est un peu plus déprimé qu'il ne l'est ordinairement dans les exemplaires santoniens. Il est difficile de voir là une raison de séparation spécifique, car ce caractère est variable, et, d'ailleurs, l'individu que nous étudions n'a pas atteint tout son développement ; le test même paraît avoir été comprimé. Nous croyons donc devoir signaler la présence du *Cyph. Maresi* dans les couches campaniennes.

LOCALITÉ. — Medjès el Foukani.

Collection Peron.

CYPHOSOMA IOUDI, Peron et Gauthier, 1884.

Pl. XIII, fig. 1-6.

Diamètre, 18 mill. — Haut., 8 mill. — Diam. du péristome, 8 mill.

Espèce de petite taille, du moins dans les exemplaires que nous possédons, subconique à la partie supérieure, arrondie au pourtour, un peu déprimée en dessous. La surface du test présente un aspect rugueux très caractérisé, dû surtout aux sutures accusées des plaques et à la granulation grossière qui les borde partout.

Appareil apical de médiocres dimensions, annulaire. Plaques génitales régulières, formant le pourtour du périprocte. Chacune d'elles porte deux petits tubercules qui font suite aux tubercules interambulacraires et s'alignent avec eux. Le corps madréporiforme, est saillant et d'apparence spongieuse. Les plaques ocellaires sont extérieures et intercalées dans les angles.

Zones porifères droites, légèrement déprimées, composées de paires de pores directement superposées, toujours simples, sauf près du péristome, où elles dévient de la ligne droite. Tubercules ambulacraires formant deux rangées, saillants au pourtour, diminuant graduellement en dessus et en dessous, au nombre de dix à onze par série. L'espace intermédiaire, assez restreint, est occupé par une granulation peu fine, irrégulière.

Aires interambulacraires larges, portant deux rangées de tubercules crénelés et imperforés, fortement mamelonnés, bien plus développés que les tubercules ambulacraires, augmentant régulièrement depuis le péristome jusqu'au pourtour, mais diminuant très vite à la partie supérieure. Ils sont serrés, à peine scrobiculés, au nombre de dix par série ; chacun d'eux est entouré d'un cercle incomplet de gros granules. Zone miliaire large, presque aussi développée au pourtour que près de l'apex, ne se rétrécissant sensiblement qu'à la face inférieure. La granulation qui la couvre est inégale, disposée sans ordre apparent, et monte jusqu'au sommet ; elle est un peu plus rare près de l'appareil apical, mais il n'y a pas de partie nue. A l'extérieur des rangées de tubercules se trouve une petite zone couverte d'une granulation semblable ; il n'y a point de tubercules secondaires.

Péristome médiocrement développé, placé dans une légère dépression du test, marqué de dix entailles apparentes. Les lèvres ambulacraires, en y aboutissant, sont plus exiguës que les lèvres interambulacraires.

Rapports et différences. — Par sa petite taille, par ses zones porifères rectilignes, le *Cyphosoma Ioudi* se rapproche de notre *C. rectilineatum*. Il en diffère par sa forme plus conique, par ses tubercules interambulacraires plus saillants, par son appareil apical moins développé. On peut aussi le comparer au *C. tamarinense* ; il s'en éloigne par l'absence absolue de tubercules secondaires, par sa granulation plus fournie dans le haut de la zone miliaire, par ses tubercules beaucoup plus inégaux, par sa face inférieure plus creusée, par le circuit du péristome où les lèvres ambulacraires sont les plus petites, tandis que c'est le contraire dans l'autre espèce. Le *C. Mecied* est plus déprimé et a les pores multiples à la face supérieure. L'apparence rugueuse que donnent au test les sutures accentuées des plaques rappelle un des caractères du *C. Delamarrei*. On ne saurait néanmoins confondre le *C. Ioudi* avec les jeunes de cette espèce, dont le péristome est plus petit, les zones porifères plus onduleuses, les tubercules plus égaux, l'appareil apical différent, puisqu'il ne porte pas les deux tubercules que nous avons signalés comme continuant sur chaque plaque génitale les rangées interambulacraires. Il peut se faire que nos exemplaires, qui sont peu nombreux, soient les jeunes d'une espèce susceptible d'atteindre un plus grand développement ; mais quand même il en serait ainsi, les individus plus âgés ne pourraient que montrer encore plus accentués les caractères qui séparent notre nouvelle espèce de ses congénères, puisque ces caractères lui sont propres et ne tendent nullement à se rapprocher des autres.

LOCALITÉ. — Medjès el Foukani. Étage campanien. Rare.
Collection Peron.

EXPLICATION DES FIGURES. — Pl. XIII, fig. 1, *Cyphosoma Ioudi*, de la coll. de M. Peron, vu de profil ; fig. 2, face sup. ; fig. 3, face inf. ; fig. 4, autre exemplaire, de la coll. de M. Peron, appareil apical grossi; fig. 5, ambulacre grossi ; fig. 6, aire interambulacraire grossie.

LEIOSOMA SELIM, Peron et Gauthier, 1881.

Pl. XIII, fig. 7-11.

Diamètre, 37 mill.   Haut., 15 mill.   Diam. du péristome, 15 mill.

Espèce circulaire, de hauteur moyenne, déprimée en dessus et en dessous, renflée au pourtour.

Zones porifères droites, très développées sur toute leur longueur, particulièrement près du péristome et à la partie supérieure. Elles sont composées de paires de pores très nettement disposées en deux rangées verticales depuis l'apex jusqu'au pourtour. Arrivées là, les zones se resserrent un peu, sans que les deux rangées disparaissent ; seulement les paires sont plus distantes et semblent alterner. Près du péristome, la zone s'élargit de nouveau et les paires de pores se multiplient. Aires ambulacraires droites, assez larges, car elles atteignent les deux tiers des aires interambulacraires. Elle portent deux rangées de tubercules serrés, augmentant régulièrement depuis le péristome jusqu'au milieu de la hauteur, puis diminuant jusqu'au sommet avec la même régularité; on en compte seize ou dix-sept par rangée. Ils sont assez fortement mamelonnés, mais complètement dépourvus de crénelures et de perforation. Entre les deux rangées se trouve une ligne irrégulière de petits granules, parmi lesquels ceux qui occupent les angles des plaques sont plus saillants que les autres.

Aires interambulacraires larges, portant six rangées de tubercules. Les deux rangées du milieu atteignent seules le sommet ; elles portent seize tubercules semblables à ceux des ambulacres. Les deux autres rangées externes, de chaque côté, n'atteignent ni le sommet, ni le péristome ; elles diminuent progressivement, la deuxième ayant douze tubercules et la troisième huit ou neuf ; la grosseur de ces tubercules suit la même progression décroissante. On aperçoit, en outre, sur le bord des zones porifères, quelques tubercules non sériés et plus petits. Zone miliaire large et à peu près nue à la partie superieure ; elle se rétrécit peu à peu, montrant au pourtour et en dessous des granules irréguliers, dont les plus gros marquent les angles des plaques coronales. Des lignes de granules plus fins serpentent en outre au milieu des rangées de tubercules et entourent ceux-ci comme d'un réseau à mailles hexagones.

L'appareil apical, placé dans une légère dépression du test, n'a laissé que son empreinte, qui est grande, pentagonale, la plaque postérieure pénétrant un peu plus que les autres dans l'aire interambulacraire.

Péristome situé dans une dépression de la face inférieure, grand, subdécagonal, marqué de dix entailles relevées sur les bords ; les lèvres ambulacraires sont plus grandes que les autres.

Rapports et différences. — Nous ne connaissons rien, parmi les rares espèces décrites jusqu'à ce jour comme appartenant au genre *Leiosoma*, qu'on puisse comparer avec le *Leiosoma Selim*. La régularité et le grand nombre de ses tubercules, la multiplication si remarquable des paires de pores, sa grande taille, en font un type tout à fait particulier. Les autres espèces sont le plus souvent petites ; seul, le *Leiosoma Tournoueri* Cotteau offre un développement à peu près aussi considérable que celui de notre espèce ; mais les zones porifères sont tellement différentes, qu'on ne peut établir aucun rapprochement. On ne pourrait guère comparer le *L. Selim* qu'à quelques grands *Cyphosoma* de la craie, tels que le *C. girumnense*, dont les zones porifères montrent aussi deux rangées verticales à la partie supérieure ; d'ailleurs cet arrangement ne se poursuit pas aussi régulièrement que sur notre type algérien, et la disposition des tubercules n'a aucune analogie.

Le genre *Leiosoma* ne compte qu'un petit nombre d'espèces. Autant les genres analogues à tubercules crénelés, les *Pseudodiadema*, les *Cyphosoma* se sont multipliés énergiquement, autant le genre qui nous occupe est pauvre en espèces, et les espèces en individus. Il existe cependant dès l'étage bathonien. Il ne semble guère avoir survécu à l'époque crétacée, et le *Leiosoma Selim* en est un des derniers représentants.

Localité. — Medjès el Foukani. Étage campanien. Très rare. Nous retrouverons cette espèce plus abondante dans le dordonien.

C'est par erreur que dans notre notice stratigraphique il a été nommé *Leiosoma Caïd* (pages 19, 29); c'est partout *Leiosoma Selim* qu'il faut lire.

Collections Peron, Cotteau, Gauthier.

Explication des Figures. — Pl. XIII, fig. 7, *Leisoma Selim*, de la coll. de M. Peron, vu de profil; fig. 8, face sup.; fig. 9, face inf.; fig. 10, ambulacre grossi; fig. 11, plaques coronales grossies.

CODIOPSIS, sp. ?

Diamètre, 25 mill.   Hauteur, 16 mill.

Nous désignons ainsi, sans nom spécifique, un exemplaire fort mal conservé, dont le test corrodé, usé, ne nous laisse voir clairement aucun des ornements qui le recouvraient La forme seule est bien conservée. Elle est nettement pentagonale à la face inférieure, conique en dessus. Les zones porifères sont composées de pores disposés par simples paires à la face supérieure; ils paraissent se multiplier à la face inférieure. L'aire ambulacraire porte deux rangées de tubercules, assez gros au pourtour, mais qui disparaissent plus haut, ou du moins dont il n'est pas possible de trouver des traces sur notre exemplaire.

Aires interambulacraires larges au pourtour, où elles portent plusieurs rangées de tubercules, qui ne paraissent pas s'élever au-dessus de l'ambitus. Les externes sont très obliques, et c'est le principal caractère qui nous a engagés à ranger cet individu parmi les *Codiopsis*. L'appareil apical est très restreint, et le péristome de taille moyenne.

Remarque. — Nous ne sommes pas même certains des affinités génériques de notre exemplaire. Toutefois, sa forme pentago-

nale à la base, conique en dessus, reproduit bien l'aspect connu
de certains *Codiopsis*. Il peut se faire que nous nous trompions.

La courte description que nous donnons ici n'a pour but que
d'éveiller l'attention des infatigables explorateurs de l'Algérie ; et
nous espérons que leurs recherches, couronnées de succès, four-
niront bientôt des exemplaires plus faciles à reconnaître et à
décrire.

LOCALITÉ. — Djebel Mzeita. Étage campanien.

Collection Peron.

HEMIASTER MIRABILIS, Peron et Gauthier, 1881.

Pl. XIV, fig. 1-5.

Longueur	Largeur	Hauteur
25 mill.	22 mill.	14 mill.
26 —	25 —	18 —
31 —	20 —	19 —
37 —	35 —	21 —

Espèce de taille moyenne, ovale, légèrement rétrécie en arrière, arrondie en avant, peu élevée, le plus souvent presque plate à la partie supérieure, renflée au pourtour, plane en dessous, sauf un léger renflement du plastron.

Sommet un peu excentrique en avant. Appareil apical de proportions ordinaires. Les pores oviducaux postérieurs sont plus écartés que les autres ; le corps madréporiforme occupe le milieu.

Ambulacre impair logé dans un sillon à peine sensible près du sommet, qui s'atténue encore au pourtour et n'échancre pas le bord. Les pores sont petits et obliques, presque ronds ; les plaques sont assez rapprochées l'une de l'autre dans le voisinage de l'apex ; elles se distancent ensuite de plus en plus et sont très écartées au pourtour. L'espace intermédiaire, peu considérable, est couvert d'une granulation irrégulière ; les bords du sillon sont accompagnés extérieurement de tubercules plus gros que ceux qui recouvrent le reste du test.

Ambulacres pairs logés dans des sillons également peu sensibles, assez larges, de longueur moyenne, très divergents, mal fermés à l'extrémité. Zones porifères à peu près droites, égales entre elles. Pores égaux, petits, allongés, à peine conjugués ; la petite plaquette qui sépare les paires porte quelques granules. Espace interporifère égal en largeur à chacune des zones.

Ambulacres postérieurs médiocrement écartés, à peu près aussi longs que les antérieurs et ordinairement aussi larges, plus étroits sur quelques exemplaires; les autres détails sont les mêmes pour les quatre ambulacres pairs.

Péristome transverse, semi-lunaire, entouré d'un bourrelet assez prononcé, avec lèvre postérieure peu développée. Il est assez éloigné du bord antérieur, à peu près au tiers de la longueur totale.

Périprocte assez grand, ovale longitudinalement, placé au sommet d'une aire anale peu élevée, mais nettement définie.

Fasciole péripétale assez étroit, faisant un coude en arrière des ambulacres pairs antérieurs.

Tubercules assez nombreux, mais petits, irréguliers à la face supérieure, beaucoup plus gros en dessous. La granulation intermédiaire est abondante, sans être très fine.

Quelques individus sont plus renflés à la face supérieure et offrent dès lors une physionomie un peu différente. Ils sont d'ailleurs complétement conformes aux autres pour tous les détails, et nous ne croyons pas qu'on puisse songer à les en séparer spécifiquement. Un fait curieux, c'est que presque tous nos exemplaires, aussi bien le type renflé que le type déprimé, sont inéquilatéraux. Le test est légèrement déformé, et le côté gauche, à la partie antérieure, est un peu en retrait. Nous croyons que ce n'est pas un simple accident, car cela se reproduit toujours de la même manière, sur plus des deux tiers de nos exemplaires, et nous en possédons au moins une soixantaine. Nous ferons encore une remarque. La granulation de l'*H. mirabilis* offre un aspect tout particulier qui ne se retrouve que sur trois de nos espèces : l'*H. Brossardi*, celui qui nous occupe présentement, et l'*Heterolampas Maresi*. Il y a même une analogie très étonnante entre les deux derniers types. Les jeunes de l'*Heterolampas Maresi*, au premier aspect, ressemblent beaucoup à l'*Hemiaster mirabilis*. A coup sûr on ne saurait les confondre, puisqu'il y a entre eux des différences génériques importantes, telles que la conformation de l'ambulacre impair et l'absence de fasciole péripétale dans le genre *Heterolampas*, qui prend d'ailleurs un développement bien plus considérable. Il n'en est pas moins vrai qu'à taille

égale la physionomie générale est presque la même. Nous avons
cru devoir consigner cette particularité remarquable.

Rapports et différences. — L'*Hemiaster mirabilis* est un type
exceptionnel parmi les espèces algériennes, et on ne saurait le
rapprocher d'aucune de celles que nous avons décrites. Sa forme
ovale, son dessus presque plat, sa partie antérieure non échancrée par le sillon ambulacraire, le distinguent facilement de tous
ses congénères. Comparé aux espèces européennes, il n'est pas
sans quelque analogie avec l'*H. angustipneustes* Desor, de la
craie de Touraine, surtout les exemplaires renflés à la face supérieure. La disposition des ambulacres est à peu près la même :
même divergence des pétales antérieurs pairs, même conver-
gence des postérieurs ; les sillons ont la même profondeur, et
dans les deux espèces le sillon de l'ambulacre impair n'échancre
pas le bord. Mais à côté de ces caractères communs, il y en a
d'autres très différents. Notre espèce est beaucoup moins élevée
à la partie postérieure, et par suite moins déclive en avant ; elle
est moins rétrécie en arrière, plus régulièrement ovale ; les ambulacres sont plus larges, les postérieurs plus longs, le sillon
impair est plus évasé près du sommet. Le périprocte est toujours
ovale longitudinalement, tandis qu'il est arrondi dans les grands
exemplaires de l'*H. angustipneustes*, et nettement transversal
dans les jeunes, caractère bien constant sur tous les exemplaires
de notre collection. En Amérique, on a rencontré une espèce qui
se rapproche des types que nous comparons, qui a même été
confondue avec l'un d'eux, c'est l'*H. stella* Desor (non d'Orbigny),
ou *Spatangus stella* Morton. La forme de celui-ci est beaucoup
plus rétrécie en arrière, plus élevée, moins ovale, et la physionomie est toute différente.

LOCALITÉ. — Route de Medjès à Msilah. Étage dordonien moyen.
Abondant.

Collections Peron, Cotteau, Gauthier, Le Mesle, de Loriol.

EXPLICATION DES FIGURES. — Pl. XIV, fig. 1, *Hemiaster mirabilis*, de la collection de M. Peron, vu de profil ; fig. 2, face supérieure ; fig. 3, face inférieure ; fig, 4, face supérieure grossie ;
fig. 5, partie anale grossie.

HEMIASTER BRAHIM, Peron et Gauthier, 1881.

Pl XIV, fig.6-9.

Long , 34 mill.   Larg., 32 mill.   Haut., 23 mill.

Espèce de taille moyenne, rétrécie et fortement échancrée en avant, encore plus étroite et tronquée en arrière. La face supérieure offre une courbe rapidement déclive vers la partie antérieure, à partir du point culminant qui est aux trois quarts de la longueur ; et, de l'autre côté, une carène arquée qui s'incline subitement vers la face anale. Bord renflé, dessous convexe.

Appareil apical très excentrique en arrière, court et extrêmement large. Tout le milieu est occupé par le corps madréporiforme.

Ambulacre impair logé dans un sillon large. profond, à bords escarpés. Zones porifères droites, formées de paires de pores très rapprochées et nombreuses, bien visibles presque jusqu'au bord. L'ambulacre conserve partout la même largeur, et l'espace interporifère est étendu et couvert d'une granulation serrée.

Ambulacres pairs très inégaux ; les antérieurs sont d'un tiers plus longs que les autres. Ils sont légèrement flexueux, subpétaloïdes, presque fermés à l'extrémité, et placés dans des sillons larges, profonds et bien limités. Zones porifères égales. Pores allongés sans être très grands, acuminés à la partie interne, égaux entre eux. L'espace qui sépare les zones est granuleux et moins large que l'une d'elles.

Les ambulacres postérieurs sont également placés dans des sillons bien accusés et bien limités ; ils sont assez courts, arrondis à l'extrémité. Les pores offrent les mêmes détails que dans les ambulacres antérieurs.

Péristome semi-lunaire, fortement labié, placé à l'extrémité du sillon impair, au premier quart de la face inférieure.

Périprocte ovale longitudinalement, situé au sommet d'une aire bien définie, occupant presque toute la face postérieure, qui est verticale.

Fasciole péripétale assez étroit, mais nettement dessiné. Il remonte en arrière des ambulacres pairs antérieurs, mais sans former de pli.

Tubercules petits et serrés, augmentant médiocrement de volume à la face inférieure. La granulation intermédiaire est fine et très dense.

Rapports et différences. — L'*Hemiaster Brahim* a plus d'un caractère commun avec l'*H. Messaï*; la disposition de l'appareil apical, la largeur et la granulation de l'ambulacre antérieur, les détails des ambulacres pairs sont les mêmes. Il s'en distingue par sa forme plus épaisse en arrière, plus gibbeuse, par ses sillons ambulacraires bien plus creusés, à bords escarpés, qui donnent à la face supérieure une physionomie tourmentée très caractéristique, par la carène de l'interambulacre impair, qui est toujours déprimé dans l'autre espèce, par son sommet encore plus en arrière. La déclivité de la partie supérieure peut aussi faire comparer l'*H. Brahim* avec notre *H. proclivis* de l'étage cénomanien. Mais c'est le seul caractère qu'ils aient de commun; la forme générale, la profondeur des sillons ambulacraires les séparent incontestablement. L'excentricité du sommet et la profondeur du sillon impair, la largeur de l'appareil apical éloignent aussi notre espèce des exemplaires les plus tourmentés de l'*H. Fourneli*. Ce type est bien particulier.

LOCALITÉ. — L'*Hemiaster Brahim* a été recueilli par l'un de nous à six kilomètres nord-est de Sétif. Étage dordonien. On le rencontre aussi à Medjès, à un niveau supérieur aux couches à *Ostrea Aucapitainei* : c'est, dans les terrains crétacés de l'Algérie, l'horizon le plus élevé où l'on rencontre le genre *Hemiaster*.

Collections Peron, Cotteau, Gauthier.

EXPLICATION DES FIGURES. — Pl. XIV, fig. 6, *Hemiaster Brahim*, de la coll. de M. Peron, vu de profil; fig. 7, face sup.; fig. 8, face inf. ; fig. 9, péristome grossi.

HEMIASTER FOURNELI, Deshayes, 1848.

HEMIASTER FOURNELI, Brossard, *Const. géol. de la subd. de Sétif*, p. 247, 1867.

Nous retrouvons dans le dordonien l'*Hemiaster Fourneli*, dans les couches inférieures et moyennes. Quelques exemplaires sont

parfaitement conformes au type et ne sauraient être distingués de
ceux du santonien ; d'autres offrent des variations, moins diverses peut-être que·celles que nous avons indiquées dans le
campanien, mais assez fréquentes néanmoins. Bon nombre d'individus ont une tendance à avoir la partie supérieure plus
gibbeuse avec la carène postérieure plus pincée ; le péristome
varie dans ses dimensions ; il est généralement·assez grand.
Malgré cela, il n'est pas possible de voir de caractères constants
qui puissent autoriser à faire une séparation spécifique. Il faut se
contenter de constater que le type de l'*H. Fourneli*, si abondant
dans le santonien, s'est maintenu dans les couches supérieures
jusqu'au dordonien moyen. Ici, comme dans le campanien, la
taille semble être inférieure à celle des exemplaires du santonien.

LOCALITÉ. — Route de Medjès à Msilah. Dordonien inférieur et
moyen.

RÉSUMÉ SUR LES HEMIASTER.

Trois espèces ont été rencontrées dans l'étage dordonien :
H. mirabilis, H. Brahim, H. Fourneli.

Les deux premières sont spéciales à l'étage dordonien, et l'*H.
Brahim* est, comme horizon, la plus élevée des espèces appartenant au genre *Hemiaster* dans les terrains crétacés de l'Algérie.

L'*H. Fourneli* est commun aux trois étages de la grande époque
sénonienne.

Aucune de ces espèces n'a été rencontrée en Europe à ce niveau
géologique.

M. Brossard, dans son mémoire sur la *Constitution géologique
de la subdivision de Sétif* (page 247), mentionne encore dans
l'étage dordonien du Hodna l'existence de l'*Hemiaster cubicus*.
Nous ne connaissons pas l'échantillon qui a donné lieu à cette
détermination. Sans doute, elle est due à Coquand, qui a eu
entre les mains tous les matériaux recueillis par M. Brossard, et
qui aura confondu quelque exemplaire de grande taille avec
le type en question. Il faut remarquer, toutefois, que Coquand
n'a pas mentionné cette espèce dans son dernier catalogue.
L'*Hem. cubicus* n'appartient pas d'ailleurs à un horizon géolo-

gique si élevé. M. Zittel a parfaitement démontré dans un ouvrage récent et que nous avons déjà cité, qu'il appartient à l'étage cénomanien (1). C'est avec les fossiles caractéristiques de ce niveau qu'il l'a recueilli au monastère de Saint-Paul, où il est très abondant. Nous ne l'avons jamais rencontré en Algérie.

Linthia Payeni, Peron et Gauthier, 1881.

Hemiaster Payeni, Brossard, *Const. géol. de la subd. de Sétif*, p. 247, 1867.

Cette espèce, que nous avons décrite dans l'étage campanien, se retrouve encore dans les couches dordoniennes, près de la route de Msilah. Elle y est même à deux horizons, dans le dordonien inférieur à *Heterolampas Maresi* et dans le dordonien moyen. Les exemplaires sont parfaitement conformes à ceux des couches inférieures, il n'y a donc pas lieu d'en reproduire ici la description détaillée, et nous nous contentons de renvoyer à ce que nous en avons dit plus haut.

Localité. — Medjès, dordonien inférieur. Assez rare. Route de Msilah, dordonien moyen. Assez commun.

Collections Peron, Gauthier, Cotteau.

Heterolampas Maresi, Cotteau, 1862.
Pl. XV, fig. 1 5.

Heterolampas Maresi, Cotteau, *Éch. nouv. ou peu connus*, p. 72, 108, pl. X, fig. 7-11, 1862
— — Brossard, *Const. géol. de la subd de Sétif*, p. 247, 1867.
— — Coquand, *Mém. de l'Acad. d'Hippone*, nº 15, p. 397, 1880.

Longueur	Largeur	Hauteur
27 mill.	24 mill.	19 mill.
44 —	41 —	29 —
52	49 —	36 —

Espèce d'assez grande taille, plus longue que large, épaisse, déprimée à la face supérieure, rétrécie et tronquée à la partie

(1) *Uber den geologischen Bau der libyschen Wüste*, p. 27, et la planche de coupes à la fin du volume.

postérieure, non échancrée en avant, à peu près plate en dessous.

Apex presque central, un peu porté vers l'avant, et placé dans une légère dépression du test. Appareil apical à peu près oval. Le corps madréporiforme est large, saillant, bien développé, et occupe tout le centre. Les quatre pores oviducaux et les cinq ocellaires l'entourent régulièrement, formant une ceinture ovale comme l'ensemble de l'appareil. Les plaques génitales sont en contact, bien que les plaques ocellaires ne laissent place qu'à une étroite bande qui les relie.

Ambulacres subpétaloïdes, mal fermés à l'extrémité, logés dans des sillons peu creusés, presque superficiels. Les cinq ambulacres sont semblables, mais les deux postérieurs sont plus longs que les autres. Zones porifères égales, droites dans les ambulacres antérieurs, subflexueuses dans les postérieurs, composées de pores à peu près égaux, les internes un peu plus petits que les autres. Les plaquettes qui séparent les paires de pores portent une rangée horizontale de granules disposés de telle sorte que ceux de l'extrémité interne semblent former deux rangées verticales entre les pores de chaque zone. L'espace interzonaire est un peu moins large que l'une des zones et paraît nu.

Péristome situé au tiers antérieur de la longueur totale, dans une dépression de la face inférieure. Il est assez grand, subpentagonal et montre en arrière une lèvre proéminente comme dans les spatangoïdes. Les avenues ambulacraires, en y aboutissant, se creusent et offrent deux rangées de pores petits, inégaux et obliquement disposés.

Périprocte placé, à la face postérieure, au sommet d'une aire anale verticale : il est ovale et assez grand.

Tubercules nombreux, assez gros, également répartis à la face supérieure, n'augmentant pas de volume en dessous. Les intervalles sont remplis par une granulation très fine et homogène.

Rapports et différences. — Celui de nous qui le premier a créé le genre *Heterolampas* et décrit l'espèce qui nous occupe, n'avait à sa disposition qu'un seul exemplaire, et néanmoins il a pu se rendre un compte assez exact des caractères de cet échinide. Le péristome seul, mal conservé sur ce premier individu, n'est pas suffisamment décrit. Nos matériaux étant beaucoup plus considérables aujourd'hui, nous avons pu avoir une notion plus précise de l'espèce. Les variations sont peu importantes, et le type offre une remarquable uniformité. A peine quelques exemplaires sont-ils un peu plus ou moins élevés. L'*Heterolampas Maresi* est toujours la seule espèce du genre; il n'en a pas été découvert d'autre jusqu'à présent. Quant au genre lui-même, il tient à la fois des cassidulidées et des spatangoïdes : la forme et la position de la bouche, du périprocte, la nature des tubercules rappellent complètement cette dernière famille; les ambulacres étant tous semblables offrent un des caractères des cassidulidées. C'est donc un genre intermédiaire, et à ce point de vue, il est regrettable qu'il ne soit représenté que par une espèce.

LOCALITÉ. — Les premiers exemplaires connus auraient été recueillis l'un par M. Marès, près de Laghouat, les autres par M. Brossard à Kermouck, subdivision de Sétif.

Nous pensons qu'il y a eu erreur dans ces indications de gisement. Le premier *Heterolampas* a bien été recueilli par M. Paul Marès dans un voyage qu'il fit à Laghouat, mais, sans doute, ce n'est pas dans cette localité même que l'oursin a été recueilli. Aucun des collectionneurs que nous connaissons et qui ont habité Laghouat ne l'y ont jamais rencontré, et cela s'explique aisément, car le sénonien supérieur n'existe pas dans les environs de cette oasis. D'autre part, M. Paul Marès, dans son voyage, a également visité le Hodna, et il est vraisemblable que l'échantillon rapporté provient, comme les nôtres, du nord de cette région.

En ce qui concerne les échantillons recueillis par M. Brossard, nous tenons de lui-même qu'il les a rencontrés au sud du bordj de Medjès, et c'est d'ailleurs ce qui résulte clairement de son *Mémoire sur la subdivision de Sétif* (page 246). En résumé nous pensons qu'il n'y a jusqu'ici qu'un seul gisement authentique d'*Heterolampas Maresi*, c'est la bande de calcaire dordonien qui s'étend au nord du Hodna depuis El Alleg jusqu'au sud du Djebel Mahdid.

Depuis, l'un de nous et M. Le Mesle ont recueilli l'*Het. Maresi* en grande abondance dans le dordonien inférieur du Kef Matrek, département de Constantine. Nous en possédons une cinquantaine d'exemplaires.

Collections Cotteau, Peron, Gauthier, Le Mesle, Coquand, de Loriol, la Sorbonne, etc.

EXPLICATION DES FIGURES. — Pl. XV, fig. 1, *Heterolampas Maresi*, de la coll. de M. Peron, vu de profil ; fig. 2, le même, face sup.; fig. 3, face inf. ; fig. 4, appareil et ambulacre antérieur grossis ; fig. 5, péristome grossi.

ECHINOBRISSUS SITIFENSIS, Coquand, 1866.
Pl. XV. fig. 6-10.

ECHINOBRISSUS SITIFENSIS, Coquand, *in* Cotteau, *Ech. nouv. ou peu connus* p. 123 pl. XVI, fig. 13-15, 1866.
—   — Brossard, *Subd. de Sétif*, p. 246.
—   — Munier Chalmas, *Extr. de la mission Roudaire dans les Chotts tunisiens*, p. 62, 1881.

Longueur	Largeur	Hauteur
23 mill.	20 mill.	12 mill,
27 —	23 —	17 —
30 —	25 —	16 —

Espèce de taille moyenne, oblongue, allongée, arrondie en avant, subtronquée et légèrement onduleuse en arrière. Face supérieure en pente rapide de tous côtés, toujours élevée, convexe, parfois subconique, assez variable dans sa hauteur. Face postérieure obliquement déclive ; bord épais ; dessous onduleux, tourmenté, surtout dans les grands individus, déprimé autour du péristome.

Sommet apical excentrique en avant. Appareil médiocrement développé, avec quatre pores génitaux disposés en trapèze, les deux derniers un peu plus écartés que les autres. Le corps madréporiforme occupe le milieu.

Ambulacres pétaloïdes, presque fermés à l'extrémité, fortement renflés, à peu près égaux entre eux. Zones porifères assez larges, montrant deux rangées de pores inégaux, les externes plus allongés et acuminés ; ils sont conjugués par un sillon oblique. L'espace interzonaire, très renflé et assez large, est couvert de tubercules semblables à ceux du reste du test. En dehors de l'étoile pétaloïde, l'aire ambulacraire, étranglée à l'extrémité des pétales, s'élargit un peu vers le bord et porte des paires de pores plus éloignées.

Péristome excentrique en avant, pentagonal, grand, entouré de bourrelets et d'un floscelle très apparent, dont les phyllodes sont larges et finissent en pointe. Les pores de ces phyllodes, disposés par paires très serrées, sont réunis par un long sillon. Dans la partie médiane on voit deux autres rangées de pores, courtes et irrégulières, qui prennent naissance un peu plus bas que les autres. Une bande d'apparence lisse, mais en réalité granuleuse, part du péristome dans la direction du périprocte ; mais elle n'est pas complète et disparaît un peu avant d'avoir atteint le bord.

Périprocte placé dans un sillon étroit, allongé, acuminé au sommet, s'ouvrant loin de l'appareil apical, assez rapproché du bord, qu'il échancre légèrement.

Tubercules très petits et très denses, couvrant toute la surface du test, un peu plus gros à la face inférieure.

Rapports et différences. — La forme élevée de l'*Echinobrissus sitifensis*, son péristome entouré de bourrelets et d'un floscelle très accusé, ses aires ambulacraires saillantes, sa face inférieure ridée, suffisent pour le distinguer de toutes les espèces décrites jusqu'à présent. Il est le terme le plus accentué de cette série que nous avons déjà signalée (1), et qui forme dans le genre *Echinobrissus* un groupe particulier, empruntant plus d'un caractère au genre *Pygurus*.

LOCALITÉ. — Kef Matrek, au sud de Medjès, Dra-Toumi, Mahdid, Djebel Mzeïta, etc., département de Constantine. Dordonien inférieur. Abondant.

Collections Peron, Coquand, Gauthier, Cotteau, Le Mesle, de Loriol, École des Mines, Sorbonne.

M. Dru a recueilli plusieurs exemplaires de cette espèce au seuil de Kriz, en Tunisie, en exécutant des sondages pour la mission de M. le commandant Roudaire, dans les chotts tunisiens.

EXPLICATION DES FIGURES. — Pl. XV, fig. 6, *Echinobrissus sitifensis*, de la coll. de M. Peron, vu de profil ; fig. 7, le même, face sup. ; fig. 8, autre exemplaire de la même coll., face inf. ; fig. 9, appareil apical et ambulacre impair grossi ; fig. 10, péristome grossi.

(1) 7ᵐᵉ fascicule, p. 82.

ECHINOBRISSUS SUBSITIFENSIS, Peron et Gauthier, 1881.
Pl. XVI, fig. 1-6.

Longueur	Largeur	Hauteur
25 mill.	24 mill.	12 mill.
28 —	25 —	13 —
27 —	26 —	14 —
32 —	29 —	15 —

Espèce de taille moyenne, subarrondie, toujours large et médiocrement élevée, se rétrécissant à peine en avant et en arrière. Face supérieure déprimée, dont la pente ne commence guère que sur les côtés; face postérieure à peine sinueuse. Des- sous presque plat, légèrement concave autour du péristome.

Sommet apical excentrique en avant. Appareil peu étendu, trapézoïde, avec corps madréporiforme au milieu.

Ambulacres pétaloïdes, terminés en pointe, larges et saillants, médiocrement allongés et acuminés, les internes petits et presque ronds. Ils sont conjugués par un sillon oblique bien apparent. L'espace interzonaire, assez considérable, est relevé en bosse et couvert de tubercules semblables à ceux qui couvrent tout le test.

Péristome excentrique en avant, pentagonal, grand, entouré d'un floscelle très apparent et de forts bourrelets. Une bande gra- nuleuse s'étend sur la suture des plaques entre le péristome et le bord postérieur.

Périprocte placé à la face postérieure, dans un sillon très court, arrondi, non acuminé, éloigné du sommet apical et n'atteignant pas le bord; c'est à peine si la partie évasée où meurt le sillon produit une légère sinuosité sur le pourtour de la face inférieure.

Tubercules petits, abondants, couvrant toute la surface du test; ils sont scrobiculés et parfaitement homogènes. A la face inférieure, ils sont un peu plus gros, surtout autour du péris- tome.

Rapports et différences. — Nous avons cru devoir distraire le type que nous venons de décrire de l'*Echin. sitifensis*, avec lequel il a plusieurs caractères communs. La forme des ambulacres est à peu près la même, sauf qu'ils sont un peu plus courts et plus larges dans l'espèce présente ; le péristome offre la même apparence et le même floscelle, ordinairement un peu moins accusé.

La forme générale est toute différente : l'*Echinobrissus subsitifensis* est beaucoup moins rétréci en avant, plus large dans tout son pourtour, bien moins élevé ; la face supérieure, au lieu d'être en pente rapide depuis le sommet, montre un replat très déprimé ; la face inférieure est plus unie. Le sillon anal diffère également : il est moins long, moins acuminé à la partie supérieure, plus large partout, plus élevé au-dessus du bord. Dans certains exemplaires il se réduit à un trou presque arrondi, au-dessous duquel le test est à peine déprimé. Ces caractères, très constants, nous ont paru suffire pour séparer spécifiquement deux types qui ne paraissent voisins que par suite du renflement des aires ambulacraires, et qui d'ailleurs ne se rencontrent pas dans la même couche, ni accompagnés des mêmes fossiles.

LOCALITÉ. — Route de Medjès à Msilah. Dordonien moyen ; dans des couches plus élevées que celles où on rencontre ordinairement l'*Echin. sitifensis*. Abondant.

Collections Peron, Cotteau, Gauthier, Le Mesle, de Loriol.

EXPLICATION DES FIGURES. — Pl. XVI, fig. 1, *Echinobrissus subsitifensis*, de la coll. de M. Peron, vu de profil ; fig. 2, le même, face sup. ; fig. 3, face inf. ; fig. 4, ambulacres grossis ; fig. 5, péristome grossi ; fig. 6, partie anale.

ECHINOBRISSUS MESLEI, Peron et Gauthier, 1881.

Pl. XVI, fig. 7-12

ECHINOBRISSUS MESLEI, Munier Chalmas, *Ext. de la mission aux Chotts tunisiens*, p. 67, 1881.

Longueur	Largeur	Hauteur
21 mill.	18 mill.	10 mill.
30 —	25 —	15 —
31 —	28 —	15 —

Espèce de taille moyenne, allongée, arrondie et à peine rétrécie en avant, subrostrée et sinueuse en arrière. Dessus convexe, formant une courbe à grand rayon, plus ou moins régulière ; la pente antérieure est plus rapide que la postérieure. Dessous souvent pulviné sur les bords, ordinairement très déprimé autour du péristome.

Sommet apical très excentrique en avant, au point culminant de la courbe supérieure. Appareil petit, avec quatre pores génitaux disposés en trapèze, et corps madréporiforme spongieux occupant le centre.

Ambulacres pétaloïdes, légèrement saillants, un peu inégaux entre eux, les deux postérieurs pairs étant plus grêles et plus allongés. Zones porifères de médiocre largeur, un peu déprimées, fermant mal les pétales à l'extrémité. Les pores sont inégaux, les internes à peu près ronds, les externes allongés, acuminés; ils sont conjugués par un sillon. L'espace interzonaire est renflé; mais la saillie est peu sensible et semble même ne pas exister sur certains exemplaires.

Péristome excentrique en avant, grand, pentagonal, placé dans une dépression profonde du test. Il est entouré de bourrelets atténués et d'un floscelle médiocrement développé; les phyllodes sont étroits et courts et sont loin d'atteindre les proportions qu'ils ont dans l'*Ech. sitifensis*. Il n'y a pas de bande granuleuse entre le péristome et le bord postérieur.

Périprocte logé au fond d'un sillon très long, profond et étroit. Ce caractère est fort remarquable. Le sillon s'étend du bord jusqu'à la limite des pétales postérieurs; il atteint jusqu'à quinze millimètres de longueur, tandis que sa largeur en excède à peine deux.

Tubercules scrobiculés, nombreux, peu développés à la face supérieure, un peu plus gros en dessous.

Rapports et différences. — Comparé aux espèces algériennes décrites dans la craie supérieure, l'*Echinobrissus Meslei* se distingue facilement de toutes par la longueur et l'étroitesse de son sillon anal. Ses pétales ambulacraires grêles, à peine renflés, le floscelle moins prononcé qui entoure le péristome, le séparent aussi des *Ech. sitifensis* et *subsitifensis*; l'absence de raie lisse entre le péristome et le bord postérieur est également à remarquer, car c'est une exception en Algérie dans les *Echinobrissus* de cet horizon.

Aucun type européen ne reproduit cette physionomie.

LOCALITÉ. — Kef Matrek, au sud de Medjès. Dordonien inférieur. Abondant. L'*Echin. Meslei* a été recueilli également par
M. Dru, dans les sondages des chotts tunisiens à Djerid.

Collections Peron, Gauthier, Cotteau, Le Mesle, de Loriol, de
la Sorbonne.

EXPLICATION DES FIGURES. — Pl. XVI, fig. 7, *Echinobrissus
Meslei*, de la coll. de M. Peron, vu de profil ; fig. 8, le même,
face sup. ; fig. 9, face inf. ; fig. 10, ambulacres grossis ; fig. 11,
péristome grossi ; fig. 12, partie anale.

ECHINOBRISSUS PYRAMIDALIS, Peron et Gauthier, 1881.

Pl. XVII. fig. 1-6.

Longueur	Largeur	Hauteur
25 mill	24 mill.	17 mill.
30 —	28 —	19 —
34 —	32 —	20 —

Espèce atteignant une assez grande taille, rétrécie en avant,
large en arrière, très élevée, subconique à la partie supérieure,
très déclive de tous côtés, à bords arrondis, légèrement concave
en dessous.

Sommet apical excentrique en avant, au point culminant de
l'oursin. Appareil très peu développé, presque circulaire ; le
corps madréporiforme occupe le centre et fait quelquefois légèrement saillie.

Aires ambulacraires égales, à fleur de test, larges relativement ; les pétales sont mal fermés à l'extrémité. Zones porifères
étroites, composées de pores petits, inégaux, les externes un peu
plus allongés que les internes, ils sont conjugués par un petit
sillon. L'espace interzonaire est large et couvert de tubercules
serrés semblables à ceux qui ornent tout le test. Etranglée à
l'extrémité de la partie pétaloïde, l'aire ambulacraire se continue ensuite en s'élargissant un peu vers le bord ; dans cette
partie, les paires sont plus distantes et difficilement visibles.

Péristome excentrique en avant, placé dans une légère dépression de la face inférieure. Il est pentagonal, entouré de forts

bourrelets et de phyllodes larges et pétaloïdes. Les paires de
pores de ces phyllodes sont très serrées; les pores eux-mêmes,
peu développés, sont reliés par un petit fossé, au fond duquel
on voit des granules, et les paires sont séparées par une cloison
très mince, qui porte également une rangée de granules. A l'intérieur de ces phyllodes et à l'endroit où, dans les ambulacres
supérieurs, serait la bande interzonaire, on voit deux courtes
rangées de pores assez irrégulières. Les cinq phyllodes sont
égaux. Une bande granuleuse, sans tubercules, accompagne la
suture postérieure, entre le péristome et le bord.

Périprocte placé assez bas, au sommet d'un sillon médiocrement élargi, qui ne s'élève pas jusqu'à moitié de la distance
entre l'apex et la base, mais descend jusqu'au bord, où il cause
une légère ondulation.

Tubercules petits, serrés, scrobiculés, offrant la contexture
habituelle aux Echinobrissidées. Ils sont un peu plus gros à la
partie inférieure.

Rapports et différences. — L'*Echinobrissus pyramidalis* se distingue facilement de tous ses congénères d'Europe par sa forme
élevée, subconique, non anguleuse, par son péristome entouré de
phyllodes et de bourrelets très accentués, par la bande lisse qui
s'étend du péristome au sillon anal. Comparé aux exemplaires
algériens du même horizon, il s'en sépare par son aspect tout
uni à la face supérieure, par sa forme et sa grande élévation,
par ses aires ambulacraires toujours à fleur de test, et ne faisant
aucune saillie. Quelques exemplaires sont moins élevés que la
forme habituelle; mais tous les autres caractères étant parfaitement identiques, nous ne pouvons voir en cela qu'une variation
individuelle.

LOCALITÉ. — Route de Medjès à Msilah. Dordonien moyen. Assez
commun. — Nous avons déjà signalé la présence de cette espèce
dans l'étage campanien.

Collections Peron, Cotteau, Gauthier, Le Mesle, de Loriol.

EXPLICATION DES FIGURES. — Pl. XVII, fig. 1, *Echinobrissus
pyramidalis*, de la coll. de M. Peron, vu de profil; fig. 2, le
même, face sup.; fig. 3, face inf.; fig. 4, ambulacres grossis;
fig. 5, péristome grossi; fig. 6, face anale.

REMARQUES ET RÉSUMÉ SUR LES ECHINOBRISSUS.

Les *Echinobrissus* de l'étage dordonien forment un groupe remarquable, qui se distingue des autres espèces du genre par un ensemble de caractères assez constants. Tous ont le péristome entouré d'un floscelle et de bourrelets plus accentués qu'ils ne le sont ordinairement chez leurs congénères; et si l'on joint à cela le renflement des ambulacres, qui se produit chez la plupart d'entre eux, la brièveté du sillon anal, qui n'a qu'une exception, et la raie lisse de la face inférieure qui se remarque presque sur tous, on voit facilement qu'il y a entre eux des liens communs, qui, malgré une différence d'aspect très considérable, les relient cependant l'un à l'autre, et leur donnent une physionomie spéciale. Déjà dans l'étage santonien nous avons vu ces caractères, faibles encore, se dessiner dans certaines espèces, comme l'*Ech. Julieni* et l'*Ech. trigonopygus*, surtout dans ce dernier, à qui il ne manque que des bourrelets et un floscelle un peu plus développés pour rentrer complétement dans le groupe que nous venons d'étudier; le fait s'est généralisé dans les couches supérieures. Aussi, un échinologiste des plus distingués, et dont l'autorité a un grand poids pour nous, frappé de ces particularités, nous a t-il conseillé, à plus d'une reprise, de créer un genre nouveau pour ces espèces singulières. Il s'appuyait sur la présence des quatre caractères que nous venons de signaler :

1° Péristome entouré de bourrelets et de floscelles très accentués ;

2° Ambulacres saillants ;

3° Brièveté du sillon anal, fort éloigné de l'apex;

4° Raie lisse ou finement granuleuse s'étendant du péristome au bord postérieur.

Nous avons dû renoncer à donner suite à ce conseil; et en effet, la raie lisse existe chez d'autres espèces, même des espèces européennes (1), qui ne pourraient rentrer dans notre nouvelle coupe générique; et d'un autre côté, parmi nos espèces dordoniennes, l'*Ech. Meslei* en est dépourvu. La brièveté du sillon se

(1) 7me fascicule, p 82, note.

rencontre aussi dans un grand nombre de types, jurassiques ou
crétacés, et l'*Ech. Meslei* offrirait encore une exception. La saillie
des aires ambulacraires n'existe pas dans l'*Ech. pyramidalis;*
elle est très faible dans l'*Ech. Meslei*, et on la retrouve à divers
degrés dans des espèces étrangères à notre groupe algérien.

Resterait le développement extraordinaire du floscelle et des
bourrelets péristomiques. Il est vrai qu'aucune autre espèce n'en
offre d'aussi accusé, mais il faudrait déjà considérer l'*Ech. trigonopygus* comme une exception, car on trouverait des espèces
européennes ayant ces organes aussi marqués que lui; et d'ailleurs, que serait un genre caractérisé seulement par l'exagération des bourrelets et des phyllodes du péristome? Ce n'est
évidemment qu'une question de degré, et non un caractère
générique. Nous avons donc écarté l'idée d'un nouveau genre,
qui nous avait souri quelque temps, mais qui ne nous a point
paru reposer sur des bases assez solides.

Le genre *Echinobrissus* comprend quatre espèces dans l'étage
dordonien : *Ech. sitifensis, Ech. subsitifensis, Ech. Meslei, Ech.
pyramidalis.*

Une s'était déjà montrée dans l'étage santonien, *Ech. sitifensis;*
une dans l'étage campanien, *Ech. pyramidalis;* les deux autres
n'ont encore été recueillies que dans le dordonien.

Toutes sont spéciales à l'Algérie, et jusqu'à présent à la province de Constantine. Toutefois, deux d'entre elles, *Ech. sitifensis* et *Ech. Meslei*, ont été rencontrées près des chotts tunisiens,
dans des parties voisines de notre colonie.

CASSIDULUS LINGUIFORMIS, Peron et Gauthier, 1881.

Pl. XVII, fig. 7-10.

ECHINOBRISSUS CASSIDULIFORMIS, Munier Chalmas. *Ext. de la miss. aux Chotts
tunisiens*, p. 66, 1881.

Longueur	Largeur	Hauteur
32 mill.	27 mill.	15 mill.
39 —	30 —	16 —

Espèce de grande taille, relativement aux autres du même
genre, beaucoup plus longue que large, à côtés presque paral-

lèles, arrondie en avant, subtronquée en arrière, convexe, mais peu élevée à la partie supérieure, plate en dessous.

Sommet excentrique en avant. Appareil apical peu développé, trapézoïde, offrant quatre pores génitaux, dont les postérieurs sont plus écartés que les autres, et cinq pores ocellaires portés par des plaques extrêmement petites et s'intercalant dans les angles des autres. Le corps madréporiforme occupe le milieu.

Ambulacres pétaloïdes, presque fermés à l'extrémité, semblables entre eux, mais inégaux, l'antérieur impair et les deux deux postérieurs étant à peu près de même longueur, les deux antérieurs pairs plus courts. Zones porifères assez larges; pores inégaux, les internes subarrondis, les externes plus allongé , acuminés et réunis aux autres par un sillon. Le milieu de l'air est plus large que l'une des zones porifères.

Péristome excentrique en avant, pentagonal, à fleur de test. . est entouré de cinq gros bourrelets, très saillants, et de phyllodes bien marqués, longs, en fer de lance, montrant deux rangées de pores conjugués. avec d'autres plus irréguliers au milieu. Une large bande lisse va du péristome au bord postérieur ; elle se prolonge aussi vers le bord antérieur, plus large, mais plus irrégulière, occupant ainsi toute la longueur de la face inférieure.

Périprocte placé à la face postérieure, très bas, près du bord, dans un sillon peu étendu et peu profond. Dans un ou deux de nos exemplaires, le test a une tendance à se déprimer en cet endroit; mais cela n'existe pas pour la grande majorité des individus, dont la face postérieure devient seulement un peu plus déclive dans la région anale.

Tubercules petits, scrobiculés, serrés, semblables pour la forme à ceux de toutes les cassidulidées, plus gros en dessous, surtout sur les bords de la bande lisse.

Rapports et différences. — Dans notre notice stratigraphique (1), le *Cassidulus linguiformis* est appelé *Echinobrissus cassiduliformis*, et c'est d'après notre indication que M. Munier Chalmas l'a désigné sous ce nom. Nous étions alors indécis sur les rapports génériques de cette espèce, et la concordance de plusieurs de ses

(1) 7ᵐᵉ fascicule, pp. 25, 29.

caractères avec ceux de nos *Echinobrissus* dordoniens, nous portait à les ranger dans le même genre. Depuis, l'étude plus approfondie de nos matériaux nous a conduits à considérer ces exemplaires comme des *Cassidulus*. En effet, ils ont deux particularités qui les distinguent des autres types recueillis dans les mêmes couches : le dessous est complétement plat, et cette face inférieure est traversée par une large raie lisse, qui s'étend du bord antérieur au bord postérieur. Il faut bien avouer que les *Echinobrissus* que nous avons décrits plus haut, avec leurs bourrelets et leurs floscelles péristomiques, leur sillon anal très court et éloigné de l'apex, ont singulièrement rétréci les limites qui séparent ce genre des *Cassidulus :* méconnaître la valeur de l'aplatissement de la face inférieure, c'était supprimer du même coup ce dernier genre, car il ne lui restait plus aucun caractère propre. Or, nous croyons qu'il est bon de maintenir le genre *Cassidulus ;* les espèces qui y sont comprises ont certainement une physionomie autre que celle des *Echinobrissus*, et, bien que nos matériaux dordoniens semblent présenter un trait d union entre les deux genres, la science échinologique ne peut pas, dans l'état actuel, les confondre et en supprimer un.

Le *Cassidulus linguiformis* est la plus grande espèce du genre. Il diffère de ses congénères et notamment du *C. elongatus* qui en est voisin, par son sillon anal un peu plus allongé, par sa partie postérieure moins abrupte, par son apex plus excentrique en avant. Il est peut être plus voisin encore du *C. æquoreus* Morton, ou du moins des figures données dans la *Paléontologie française* (1), qui diffèrent sensiblement de celle qu'on trouve dans l'ouvrage de Morton (2). Nos exemplaires sont plus longs et moins larges ; le bord postérieur est moins arrondi, le périprocte placé plus bas.

LOCALITÉ. — Route de Medjès à Msilah. Dordonien moyen. Assez rare. Le *Cassidulus linguiformis* a été aussi recueilli par M. Dru, au seuil de Kriz, dans les sondages des chotts tunisiens.

Collections Peron, Gauthier, de la Sorbonne.

_____

(1) *Terr. cret.*, t. VI, pl 926.
(2) *Synopsis du groupe crétacé.* pl. III, fig 14.

EXPLICATION DES FIGURES. — Pl. XVII, fig. 7, *Cassidulus linguiformis*, de la collection de M. Peron, vu de profil ; fig. 8, le même, face sup. ; fig. 9, autre exemplaire, de la collection Peron, face inf. ; fig. 10, face inf. grossie.

BOTHRIOPYGUS NANCLASI, Coquand.

Cette espèce a été indiquée par M. Brossard (1) dans l'étage dordonien de la subdivision de Sétif; mais l'exemplaire ainsi désigné nous est inconnu, et nous n'avons jamais rencontré rien d'analogue en Algérie.

HOLECTYPUS SUBCRASSUS, Peron et Gauthier, 1881.

Pl. XVIII, fig. 1 3.

Longueur	Largeur	Hauteur
22 mill.	21 mill.	10 mill.
36 —	35 —	19 —

Espèce subcirculaire, un peu plus longue que large, renflée, presque hémisphérique à la partie supérieure, très épaisse au pourtour, concave autour du péristome.

Appareil apical petit, presque rond, portant cinq pores génitaux avec corps madréporiforme au milieu. Les pores ocellaires sont un peu en arrière et très petits.

Zones porifères à fleur de test, très étroites, composées de pores disposés par simples paires très serrées et régulièrement alignées, sauf près du péristome où elles deviennent obliques et plus distantes. Les pores sont à peu près ronds et peu développés.

Aires ambulacraires larges, légèrement saillantes, portant des rangées verticales de tubercules, au nombre de huit au pourtour dans les grands exemplaires. Au-dessus de l'ambitus, ces tubercules sont extrêmement fins, et par suite rarement conservés. Les deux rangées principales atteignent seules le sommet.

Aires interambulacraires à peine plus larges, près du sommet, que les aires ambulacraires, se développant ensuite au point d'atteindre au pourtour le double de la largeur des premières. Elles portent à cet endroit quatorze rangées de tubercules égale-

(1) *Const. géol. de la subd. de Sétif*, p. 247.

ment fins et souvent effacés. En dessous, ils sont un peu plus homogènes ; les aires se dénudent en approchant du péristome.

Péristome de médiocre dimension, placé ordinairement dans une dépression assez profonde du test. Cette profondeur est moins accentuée cependant sur quelques exemplaires plus jeunes.

Périprocte grand, pyriforme, acuminé à la partie interne où il s'avance presque jusqu'au péristome, plus large et arrondi à la partie externe qui atteint le bord sans l'entamer.

Granulation extrêmement fine, à peine distincte, formant des séries linéaires entre les tubercules.

Rapports et différences. — L'espèce la plus voisine de l'*Holectypus subcrassus* est certainement l'*Hol. crassus* Cotteau, qu'on trouve dans l'étage cénomanien. Mais la distinction entre ces deux types est facile. Celui dont nous nous occupons est généralement de plus grande taille ; la face inférieure est plus concave, le péristome plus grand et plus enfoncé, le périprocte plus large. Les tubercules sont beaucoup moins distincts à la face supérieure, et les aires ambulacraires plus développées. On peut aussi rapprocher l'*Hol. subcrassus* de l'*Hol. turonensis* ; le bord est plus épais, le périprocte moins grand ; la forme n'a jamais une tendance à devenir subconique, les tubercules n'ont pas la même disposition. La finesse des tubercules à la partie supérieure rappelle l'*Hol. Jullieni* ; mais cette dernière espèce est beaucoup plus mince, et la face inférieure offre un aspect tout différent.

LOCALITÉ. — Route de Medjès à Msilah. Dordonien moyen. Assez abondant. On trouve aussi cette espèce dans le dordonien inférieur du Kef Matrek ; mais elle y est beaucoup plus rare.

EXPLICATION DES FIGURES. — Pl. XVIII, fig, 1, *Holectypus subcrassus*, de la collection de M. Peron, vu de profil ; fig. 2, face supérieure ; fig. 3, face inférieure.

CIDARIS SUBVESICULOSA, d'Orbigny, 1850.

L'un de nous a recueilli dans le dordonien plusieurs fragments assez considérables du test et un radiole du *C. subvesicolosa*. Ces exemplaires étaient de taille moyenne. Les aires ambulacraires sont légèrement onduleuses, et portent dans la partie la plus large six rangées de granules, qui se réduisent à quatre à la face

supérieure. Les tubercules interambulacraires sont entourés de
scrobicules elliptiques, perforés et non crénelés, la zone miliaire
est large et couverte d'une granulation homogène et serrée. Tous
les caractères sont bien ceux qu'on remarque sur les exemplaires
recueillis en Europe. Le radiole n'est pas entier : c'est une tige
s'amincissant peu à peu, couverte de granules en séries linéaires
laissant entre elles un espace qui paraît chagriné. Ce radiole
d'ailleurs n'est adhérent à aucun de nos fragments. Nous croyons
bien, néanmoins, qu'il doit appartenir au *C. subvesiculosa*. Il
pourrait toutefois se faire que radiole et fragments appartinssent
·au *C. serrata* Desor, qu'on trouve dans la craie de Meudon, si le
C. serrata est réellement une espèce distincte du *C. subvesiculosa*.

LOCALITÉ. Route de Msilah. Dordonien moyen. Assez rare.
Collection Peron.

SALENIA NUTRIX, Peron et Gauthier, 1881.

Pl. XVIII, fig. 4-10.

Diamètre, 17 mill. Hauteur, 10 mill. Diam. du péristome, 7 mill.

Espèce de taille moyenne, subcirculaire, renflée, arrondie au
pourtour, déprimée à la partie supérieure, presque plate en dessous.

Appareil apical médiocrement développé, presque rond, peu
saillant. Les trois plaques génitales antérieures, égales entre elles,
sont perforées assez près du bord externe, et celle de droite porte
autour du pore oviducal une petite plaque spongieuse, qui est le
corps madréporiforme ; les deux postérieures sont perforées plus
au milieu. La plaque suranale occupe le centre, et rejette le périprocte à droite, en dehors de l'axe antéro-postérieur. Les cinq
plaques ocellaires sont petites, triangulaires, et intercalées dans
les angles. La postérieure de droite s'avance jusqu'au péristome
dont elle concourt à former le bord. Sur les sutures des plaques
se trouvent des impressions arrondies, mais la surface des
plaques elles-mêmes paraît être à peu près lisse.

Zones porifères onduleuses à la face supérieure ; pores disposés
par simples paires, se multipliant près du péristome. Aires ambulacraires très étroites, saillantes, un peu onduleuses près de

12.

l'apex, droites plus bas. Elles portent deux rangées de petits tubercules ne laissant aucun espace entre elles dans toute la partie supérieure ; à partir du pourtour, elles s'écartent un peu, et on peut destinguer quelques granules dans l'intervalle.

Aires interambulacraires larges, portant deux rangées de gros tubercules crénelés, imperforés, fortement mamelonnés, dont les trois supérieurs sont plus développés. De gros granules occupent l'intervalle, formant des cercles très incomplets autour des tubercules ; d'autres granules plus petits, peu nombreux, sont régulièrement disséminés dans la zone miliaire, entre les cercles scrobiculaires.

Péristome situé dans une légère dépression, subdécagonal, avec dix entailles échancrant sensiblement le bord. Les lèvres ambulacraires sont à peu près aussi grandes que les lèvres interambulacraires.

Périprocte ovale transversalement.

Rapports et différences. — Nous avons cru devoir désigner par un nom spécifique nouveau les exemplaires de *Salenia* recueillis dans le dordonien, bien qu'ils ne soient pas sans analogie avec le *Sal. scutigera* signalé dans les couches inférieures. Ils présentent en effet des différences assez notables : dans l'appareil apical, le pourtour du périprocte, au lieu d'être formé par la plaque suranale et les deux plaques génitales postérieures se rejoignant, est formé en outre par la plaque ocellaire de droite, qui s'intercale ainsi complétement entre les plaques génitales et les sépare ; les tubercules interambulacraires sont beaucoup plus développés, et par suite la zone miliaire plus étroite et bien moins granuleuse ; la partie supérieure est déprimée et plate. Ce dernier caractère rapprocherait notre espèce du *Salenia Bourgeoisi ;* l'appareil apical de celui-ci est bien plus différent encore, et la disproportion des tubercules est aussi frappante. Nous avons donc cru ne pouvoir réunir notre type à ceux qui sont déjà connus, car il ne s'accorde bien avec aucun d'eux.

Localité. — Kef Matrek au sud de Medjès. Etage dordonien inférieur, couches à *Heterolampas Maresi*. Rare.

Collection Peron.

Explication des Figures. — Pl. XVIII, fig. 4, *Salenia nutrix*, de la collection de M. Peron, vu de profil; fig. 5, le même, face supérieure; fig. 6, face inférieure; fig. 7, ambulacre grossi; fig. 8, interambulacre grossi; fig. 9, appareil apical grossi; fig. 10, plaque interambulacraire fortement grossie (1).

ORTHOPSIS MILIARIS, Cotteau. 1864.

On rencontre assez communément l'*Orthopsis miliaris* dans le dordonien, et, à ce niveau élevé, les exemplaires n'offrent aucune différence appréciable avec ceux qu'on recueille plus bas. Ils présentent même les deux variétés *granularis* et *miliaris* qu'on trouve toujours ensemble quand on ramasse un assez grand nombre d'exemplaires. C'est un fait curieux que la persistance, non seulement de ce type, toujours le même dans toute la série des terrains crétacés moyens et supérieurs, mais encore de ces deux variétés également constantes à tous les niveaux en Algérie.

LOCALITÉ. – Route de Msilah. Dordonien moyen. Abondant. Collections Peron, Gauthier, Cotteau, de Loriol.

CYPHOSOMA MAHDID, Peron et Gauthier, 1884.

Pl. XVIII, fig. 11 14.

Diamètre	Hauteur	Diam. du peristome	Appareil apical.
28 mill.	16 mill.	9 mill.	6 mill.
31 —	16 —		
37 —	22 —		

Espèce de taille moyenne. subcirculaire, quelquefois légèrement pentagonale, déprimée à la partie supérieure, épaisse, plate en dessous ou à peine concave dans quelques exemplaires.

Zones porifères assez étroites, à fleur de test, très onduleuses, formant à chaque tubercule un arc de cinq ou six paires, dont la plus élevée vient aboutir au cercle scrobiculaire même. Les pores se multiplient près du péristome, mais, malgré leur disposition arquée, ils sont simples partout ailleurs.

Aires ambulacraires de largeur moyenne, portant deux ran-

(1) C'est à tort que sur les figures 4, 5, 6, 8 et 10, le dessinateur a représenté les tubercules du *Salenia nutrix* comme étant perforés; ces tubercules sont imperforés.

gées de tubercules bien développés au pourtour, fortement mamelonnés, crénelés, imperforés, diminuant à mesure qu'ils se
rapprochent de l'apex ou du péristome, en conservant toujours
un développement assez considérable relativement. On en compte
de quinze à dix-huit. selon la taille de l'exemplaire. Entre les
deux rangées court une ligne irrégulière, souvent double, de
granules accentués, qui pénètrent aussi entre les tubercules.

Aires interambulacraires larges, portant deux rangées de tubercules principaux, un peu plus développés au pourtour que ceux
des ambulacres, nettement scrobiculés, au nombre de quatorze à
seize. En dehors de ces deux rangées principales, on voit de
chaque côté, sur le bord de l'aire, une rangée de tubercules
secondaires beaucoup plus petits, mais réguliers, mamelonnés,
crénelés, quelques-uns même scrobiculés. Cette rangée s'élève
bien au-dessus de l'ambitus. Zone miliaire large, surtout au
pourtour, plus restreinte à la partie supérieure où les rangées de
tubercules sont presque convergentes, portant des lignes irrégulières de gros granules mamelonnés, au milieu desquels d'autres
plus petits remplissent tous les intervalles. Les granules forment
en outre des cercles incomplets autour des tubercules ; et une
autre ligne verticale se distingue entre la rangée principale et la
rangée secondaire.

Péristome peu développé, subpentagonal, marqué d'entailles
sensibles. Il est ordinairement placé dans une légère dépression ;
sur quelques exemplaires à fleur de test.

L'appareil apical n'a laissé que son empreinte ; il était très
petit, subpentagonal.

Rapports et différences. — Le *Cyphosoma Mahdid* n'est pas sans
ressemblance avec le *Cyph. pseudomagnificum* Cotteau (1). L'épaisseur du test, le développement des tubercules, la physionomie
générale sont à peu près les mêmes. Notre espèce diffère par la
présence de tubercules secondaires plus accentués, par sa zone
miliaire plus large au pourtour qu'aux approches du sommet,
tandis que c'est le contraire dans l'autre espèce, par le peu de
développement de l'appareil apical. Nous appelons particulière-

_____

(1) *Descript. des Ech. de la colonie du Garumnien.* — *Annales des Sc géol* , t.
IX, p. 55, pl. IV, fig 1-6.

ment l'attention sur la disposition des pores ambulacraires. Non seulement ils forment des arcs autour des tubercules, mais la dernière paire s'avance jusqu'au scrobicule, et l'arc supérieur commence presque en face et en recul, ce qui produit une interruption dans la chaîne.

Cette disposition curieuse ne diffère que par un peu moins de largeur de celle qu'on remarque sur certains *Strongylocentrotus*; elle est tout à fait exceptionnelle dans les *Cyphosoma*. La petitesse de l'appareil apical, qui est aussi un caractère des *Strongylocentrotus*, mérite également d'être signalée. Nous avons comparé soigneusement nos exemplaires avec des individus jeunes du *Strongylocentrotus lividus*, ayant le même diamètre : les pores ambulacraires sont exactement disposés de la même manière; le péristome et l'appareil apical ont les mêmes proportions ; il n'y a de différences que dans la distribution des tubercules, qui n'est pas très dissemblable, et dans les crénelures qui ornent ceux de notre *Cyphosoma*.

LOCALITÉ. — Kef Matrek, Zone à *Heterolampas Maresi*. Dordonien inférieur. Assez commun.

Collections Peron, Cotteau, Gauthier.

EXPLICATION DES FIGURES. — Pl. XVIII, fig. 11, *Cyphosoma Mahdd*, de la coll. de M. Peron, vu de profil ; fig. 12, face sup. ; fig. 13, face inf. ; fig. 14, ambulacre grossi.

CYPHOSOMA SOLITARIUM, Peron et Gauthier, 1881.

Pl. XIX, fig. 1 2.

Nous avons décrit dans notre sixième fascicule (1), sous le nom de *Cyphosoma ambiguum*, un exemplaire qui nous paraissait tenir le milieu entre le *Cyph. Arnaudi* et le *Cyph. rarituberculatum*. L'un de nous a rencontré dans l'étage dordonien un autre exemplaire, appartenant à un type voisin, mais qui ne peut se rapporter à aucune des trois espèces que nous venons de citer. Malheureusement la conservation de cet exemplaire unique laisse fort à désirer; seule la forme est bien conservée; elle est la

(1) P. 107.

même que celle des types auxquels nous comparons cet individu, c'est-à-dire élevée, hémisphérique. Les tubercules ambulacraires et interambulacraires sont clair-semés et petits, à peine plus développés à l'ambitus qu'à la partie supérieure. Les zones porifères sont onduleuses, formées de pores disposés par simples paires et dessinant de petits arcs autour des tubercules. Dans les aires interambulacraires, il n'y a point de tubercules secondaires ; des granules très fins couvrent le test dans l'intervalle des rangées principales.

Le *Cyphosoma solitarium* diffère du *C. Arnauli* en ce que ses pores ambulacraires sont toujours disposés par simples paires, et que ses tubercules ne diminuent pas subitement de volume au-dessus de l'ambitus ; du *C. rarituberculatum*, en ce que les zones porifères sont onduleuses et non droites à la partie supérieure ; du *C. ambiguum*, en ce que les pores ne sont pas bigéminés et que les zones porifères ne sont pas droites.

LOCALITÉ.   Kef Matrek. Dordonien inférieur.

Collection Peron.

EXPLICATION DES FIGURES. — Pl. XIX, fig. 1, *Cyphosoma solitarium*, de la coll. de M. Peron, vu de profil ; fig. 2, face sup.

CYPHOSOMA SAÏD, Peron et Gauthier, 1881.

Pl. XIX, fig. 3-10.

Diamètre	Hauteur	Diam. du péristome	Appareil apical.
19 mill.	9 mill.		
24 —	11 —		
38 —	24 —	14 mill.	
39 —	22 —		
41 —	20 —		14 mill.

Espèce de grande taille, subcirculaire, tantôt plus, tantôt moins élevée, ordinairement déprimée en dessus et en dessous, parfois pulvinée à la face inférieure. Toutes les rangées de tubercules sont très saillantes, ce qui donne à cette espèce une physionomie toute particulière.

Appareil apical annulaire, assez grand. Les cinq plaques ocellaires, médiocrement développées, s'intercalent dans les échancrures des autres plaques et n'atteignent pas le bord du

périprocte. Les cinq plaques génitales sont de grande dimension,
formant à elles seules le circuit, mais étroites et n'empiétant que
très peu sur l'aire interambulacraire. Elles sont perforées au
milieu. Toutes portent une ligne de quatre ou cinq gros tubercules qui forment une couronne autour du périprocte. Sur la
plaque antérieure de droite se trouve le corps madréporiforme,
qui n'est qu'une bande d'apparence spongieuse ; sur le bord péri
proctal de cette plaque se trouvent cinq tubercules dont le plus
gros est celui du milieu ; sur le bord extérieur, comme pour bor-
der le corps madréporiforme qui est au centre, deux rangées de
tubercules plus petits et formant un arc de cercle.

Zones porifères droites, à fleur de test, assez étroites, composées partout de simples paires de pores directement superposées,
déviant à peine près du péristome. Aires ambulacraires saillantes,
portant deux rangées de tubercules très accentués, croissant et
décroissant régulièrement, au nombre de seize à dix-sept par
série. L'espace intermédiaire, relativement assez étroit, porte
des granules clair-semés, qui pénètrent aussi entre les tubercules.

Aires interambulacraires très larges, portant deux rangées de
tubercules aussi réguliers, mais un peu plus gros que ceux des
ambulacres. Ils sont saillants, scrobiculés, ornés de fortes crénelures, imperforés, au nombre de quinze environ par série. Il n'y
a point de tubercules secondaires. Zone miliaire très large au
pourtour et à la partie supérieure, déprimée et encaissée par les
rangées de tubercules. Elle porte un grand nombre de granules
parfaitement homogènes, qui lui donnent un aspect chagriné.
A la partie supérieure il s'est produit un phénomène assez intéressant. Sur un grand nombre d'exemplaires, les aires sont non-
seulement déprimées, mais effondrées, et il existe comme une
poche oblongue, toujours remplie par la gangue, et dont le fond
n'est pas visible. Le fait se reproduit tant de fois et toujours si
régulièrement, qu'il ne peut être attribué à un simple accident,
mais sans doute à la conformation de l'oursin. Peut-être le test
était-il plus mince à cet endroit et a-t-il fléchi plus facilement.
Cette sorte de poche, qui commence environ aux deux tiers de la
hauteur, s'étend toujours jusqu'à la plaque oviducale, à laquelle

elle semble servir de déversoir. Toutefois, nous ne saurions conclure à une particularité physiologique, puisque tous les exemplaires n'en sont pas pourvus. Néanmoins, dans ceux qui ne sont pas creusés, cette partie du test est toujours déprimée, En dehors des rangées de tubercules, entre ceux-ci et l'ambulacre, se trouve de chaque côté une nouvelle zone miliaire, moins large que la principale, développée seulement au pourtour et à la face inférieure, très restreinte près du sommet, où les tubercules aboutissent presque aux zones porifères.

Péristome assez grand, placé dans une légère dépression du test. Il est subdécagonal, marqué de larges entailles relevées sur les bords; les lèvres interambulacraires sont de beauconp les plus grandes.

Rapports et différences. — Il n'existe jusqu'à présent aucune espèce de *Cyphosoma* qu'on puisse comparer au *C. Saïd.* C'est un type extrêmement remarquable et complétement différent de tout ce que nous avons rencontré en Algérie. Ses tubercules si réguliers, l'absence absolue de tubercules secondaires, les pores toujours simples malgré la grande taille de cet oursin, l'aspect exceptionnel, que lui procurent ses aires miliaires larges, creusées comme autant de vallées entre les séries tuberculaires, lui donnent une physionomie qui n'a point d'analogue dans les espèces décrites. Les exemplaires élevés, avec leurs tubercules saillants, ont quelque chose de l aspect des *Stirechinus,* auxquels d'ailleurs on ne saurait nullement les rapporter pour leurs autres caractères. L'appareil apical offre également une disposition tout exceptionnelle. Le *C. Ioudi,* que nous avons décrit précédemment, porte aussi des tubercules sur les plaques génitales, mais l'arrangement est tout différent; ces tubercules, au nombre fixe de deux, font suite aux séries de tubercules interambulacraires, tandis que dans le *C. Saïd* ils ne sont nullement alignés avec les séries, mais forment une ceinture autour du périprocte et sont en bien plus grand nombre.

Localité. — Le *Cyphosoma Saïd* a été recueilli par l'un de nous dans le dordonien moyen, près de la route de Medjès à Msilah. Assez commun.

Collections Peron, Cotteau, Gauthier.

EXPLICATION DES FIGURES. — Pl. XIX, fig. 3, *Cyphosoma Saïd*, de la coll. de M. Peron, vu de profil ; fig. 4, le même, face sup. ; fig. 5, face inf. ; fig. 6, autre exemplaire à zone miliaire enfoncée, de la coll. de M. Peron ; fig. 7, appareil apical grossi ; fig. 8, partie sup. d'un ambulacre, grossie ; fig. 9, partie inf. de l'ambulacre, grossie ; fig. 10, plaques coronales grossies.

CYPHOSOMA MAGNIFICUM ? Agassiz.

Les couches à *Heterolampas Maresi* nous ont donné un gros exemplaire de *Cyphosoma*, assez mal dégagé, que nous croyons devoir rapporter au *C. magnificum*, malgré quelques légères différences. Les zones porifères sont fortement bigéminées à la partie supérieure, puis composées de pores simples et onduleux au pourtour et en dessous. Les tubercules ambulacraires, très développés d'abord, radiés à leur base, diminuent sensiblement mais régulièrement de volume à la partie supérieure. Les tubercules interambulacraires forment deux rangées principales, avec une rangée externe, de chaque côt', de tubercules secondaires beaucoup plus petits. Tous ces caractères sont, comme nous le disions, ceux du *C. magnificum*. Mais la zone miliaire diffère un peu à la partie inférieure, où elle reste assez large et montre au milieu des granules de petits tubercules, qui ont comme une tendance à former deux rangées internes. Ce caractère n'existe pas sur les exemplaires de *C. magnificum* que nous avons pu étudier, quelle que soit leur taille. D'ailleurs notre exemplaire est si médiocrement conservé que nous ne pouvons entrer dans des détails plus précis, et que nous nous contentons de signaler sa présence en attendant des matériaux meilleurs.

LOCALITÉ. — Kef Matrek, au sud de Medjès. Dordonien inférieur.

Collection Peron.

RÉSUMÉ SUR LES CYPHOSOMA.

Le genre *Cyphosoma* nous a donné quatre espèces dans l'étage dordonien : *C. Mahdid, C. solitarium, C. Saïd, C. magnificum?* Les trois premières sont spéciales à l'Algérie, et jusqu'à présent au département de Constantine. Aucune d'elle n'a encore été recueillie à un horizon inférieur.

La quatrième, douteuse d'ailleurs, a été citée, par M. Brossard, dans l'étage campanien, fait que nous n'avons pu vérifier. Elle est commune en Europe, à tous les niveaux des assises sénoniennes.

LEIOSOMA SELIM, Peron et Gauthier, 1884.

Des exemplaires de cette espèce, complétement conformes à la description que nous avons donnée dans l'étage campanien, ont été recueillis dans le dordonien. Ils n'ont d'ailleurs rien de particulier que la différence de gisement.

LOCALITÉ. — Route de Msulah. Étage dordonien. Assez abondant dans la couche à *Heterolampas Maresi*. Se retrouve encore dans le dordonien moyen.

Collections Peron, Gauthier, Cotteau.

Genre PLISTOPHYMA, Peron et Gauthier, 1884.

Forme circulaire, ordinairement déprimée en-dessus et en dessous.

Appareil apical grand, subpentagonal, renfermant le périprocte, mais dont nous ne connaissons que l'empreinte.

Zones porifères s'étendant du sommet à la bouche, composées de paires de pores multiples près de l'apex et du péristome, simples sur tout le reste du test.

Tubercules ambulacraires, sans crénelures ni perforation, formant deux rangées verticales.

Tubercules interambulacraires séparés en deux parties par une bande lisse qui suit la suture médiane et qui est plus large au sommet qu'au pourtour. De chaque côté, les tubercules forment quatre ou cinq rangées verticales ou même un plus grand nombre, dont celles du milieu atteignent seules le sommet et qui sont disposées en même temps en rangées horizontalement obliques.

Péristome grand, subcirculaire et marqué d'entailles.

Remarque. — Le genre *Plistophyma* n'est encore connu que par un nombre très restreint d'exemplaires, tous de petite taille, et, par suite, difficiles à étudier. Le premier individu connu, imparfait sans doute, a été décrit par l'un de nous sous le nom de *Magnosia Toucasi* (1). L'auteur s'étonnait alors de trouver un *Magnosia* à un niveau aussi élevé que le sénonien, puisque la présence de ce genre n'avait jamais été constatée au-dessus de l'aptien ; mais il n'avait pu se rendre compte ni de l'appareil apical, ni de la partie supérieure des zones porifères. Cet appareil, à en juger par l'empreinte, devait être le même que celui des *Leiosoma* ou des *Cyphosoma*, et, de plus, les paires de pores sont multiples à la partie supérieure, ce qui n'arrive jamais dans les *Magnosia* ; les ambulacres n'ont que deux rangées de tubercules, ce qui ne convient guère non plus à ce genre, auquel la disposition des tubercules dans l'interambulacre se rapporte, au contraire, assez bien. Ils sont, cependant, un peu plus gros et un peu moins serrés.

Le genre *Plistophyma* présente donc l'appareil apical, les zones porifères, les aires ambulacraires des cyphosomes, tandis que, dans l'aire interambulacraire, la nature et la disposition des tubercules rappellent les *Magnosia*. Ce mélange de caractères si disparates le rend facile à reconnaître, mais nous embarrasse beaucoup pour savoir quelle place lui donner dans la nomenclature. Nous croyons qu'il doit venir après les *Leiosoma*, à la dernière limite des diadématidées, dont il a les principaux attributs. Il est représenté, pour le moment, par deux espèces : *Plistophyma Toucasi* Cotteau, et *Plistophyma africanum*, que nous allons décrire.

PLISTOPHYMA AFRICANUM, Peron et Gauthier, 1884.

Pl. XX, fig. 6-11.

Diamètre, 20 mill.   Hauteur, 7 mill

Espèce de taille assez développée, relativement au genre, subcirculaire, peu élevée, fortement déprimée en-dessus et en-dessous, concave autour du péristome.

Zones porifères droites, à fleur de test, très larges près du sommet où les pores sont nettement bigéminés, se rétrécissant presque aussitôt et ne montrant que des paires de pores simples et

(1) Cotteau, *Echin. nouv. ou peu connus*, p. 176, pl. XXIV

directement superposées, au nombre de trois en face de chaque tubercule ambulacraire. Près du péristome, la zone s'élargit de nouveau et les pores se multiplient.

Aires ambulacraires droites, renflées, faisant légèrement saillie au-dessus du test. Elles portent deux rangées de tubercules incrénelés, imperforés, réguliers, tous à peu près égaux, hormis ceux des extrémités qui sont un peu plus petits. Il y en a treize ou quatorze par série. L'espace qui sépare les deux rangées est couvert d'une fine granulation.

Aires interambulacraires très larges, portant dix rangées verticales de tubercules semblables à ceux des ambulacres, mais un peu plus petits. Les deux rangées du milieu atteignent seules le sommet. Elles sont séparées par une zone nue, large près de l'apex, se rétrécissant ensuite et se réduisant, au pourtour, à une simple ligne. Par suite, les deux rangées principales de tubercules s'évasent en arrivant à la partie supérieure. Les huit autres rangées sont parallèles aux deux principales, et, dès lors, légèrement infléchies en dehors, à partir de l'endroit où la zone intermédiaire s'élargit. Elles diminuent régulièrement de longueur, perdant un tubercule en haut à chaque rangée. Ces tubercules forment également des rangées régulières dans le sens transverse : elles sont obliques et convergent vers le milieu de l'aire, formant ainsi un V très évasé, dont chaque branche, à l'endroit le plus large, a cinq tubercules. Les tubercules de l'ambitus sont les plus petits ; ils augmentent un peu de volume à la face supérieure et à la face inférieure.

Appareil apical inconnu. L'empreinte qu'il a laissée est pentagonale et très grande ; elle atteint neuf millimètres de largeur sur l'individu que nous décrivons.

Péristome grand. un peu déprimé ; l'état de notre exemplaire ne nous permet pas de le décrire plus complétement.

Rapports et différences. — Le *Plistophyma africanum* nous a paru différer assez sensiblement du *Pl. Toucasi* qu'on rencontre au Beausset (Var) et aux Martigues (Bouches-du-Rhône). Il est plus déprimé et porte des rangées moins nombreuses de tubercules. Nous avons entre les mains un exemplaire provenant des Martigues et dont le diamètre n'est que de quatorze millimètres :

il porte douze rangées de tubercules interambulacraires, tandis que l'espèce algérienne, dont le diamètre est de vingt millimètres, n'en compte que dix. En outre, les tubercules augmentent plus sensiblement de volume à la face inférieure sur le *Pl. Toucasi*; l'appareil apical est plus pentagonal dans l'espèce africaine. Il nous a donc paru nécessaire de séparer spécifiquement ces deux types, d'ailleurs très voisins.

LOCALITÉ. — Le *Plistophyma africanum* a été recueilli par l'un de nous près de la route de Medjès à Msilah. Dordonien moyen.

Exemplaire unique.

Collection Peron.

EXPLICATION DES FIGURES. — Pl. XX, fig. 6, *Plistophyma africanum*, vu de profil; fig. 7, face sup.; fig. 8, face inf.; fig. 9, ambulacre grossi; fig. 10, interambulacre grossi; fig. 11, pourtour du sommet grossi; fig. 12, *Plistophyma Toucasi*, de la coll. de M. Gauthier, exemplaire recueilli aux Martigues et figuré pour la comparaison, vu de profil; fig. 13, face sup.; fig. 14, interambulacre grossi.

CODIOPSIS DISCULUS, Peron et Gauthier, 1881.

Pl. XIX, fig. 11-12.

Diamètre, 17 mill.   Hauteur, 10 mill.
—   16 —   — 7 —

Nous ne possédons que deux exemplaires de cette espèce, dont la hauteur, comme on peut le voir par les dimensions données, diffère sensiblement. Ils sont, en outre, médiocrement conservés : notre description ne sera donc pas très complète.

Forme à peu près circulaire, avec une tendance à devenir pentagonale; hauteur variable, mais peu considérable pour le genre; partie supérieure à peu près hémisphérique ou un peu déprimée; bord épais, mais coupé presque à angle droit; dessous plat.

Appareil apical assez grand. Toutes les plaques génitales sont perforées au milieu; l'antérieure de droite est un peu plus grande que les autres et elle porte le corps madréporiforme, qui la couvre presque entière et lui donne une apparence spongieuse. Les quatre autres sont fortement chagrinées, marquées d'impressions profondes, très rapprochées, sinueuses, presque circulaires, obliques, donnant à la surface un aspect tout particulier. Les plaques ocellaires, plus petites, sont ornées de la même manière. Toutes portent, en outre, un assez grand nombre de mamelons tuberculiformes, facilement caducs, qui forment une ceinture autour du bord périproctal.

Zones porifères étroites, à fleur de test, composées de pores arrondis, disposés par simples paires. Nous ne pouvons pas distinguer s'ils se multiplient près du péristome. Aires ambulacraires peu développées, aiguës près du sommet, portant à la partie inférieure deux rangées de tubercules assez gros, sans crénelures ni perforation et ne s'élevant pas au-delà du bord. Le reste de l'aire est strié longitudinalement et semble avoir porté des rangées marginales de petits mamelons, qui, peut-être, remplaçaient les radioles dans ce genre.

Aires interambulacraires larges, dont la suture médiane est légèrement déprimée pres du bord inférieur. Elles portent en-dessous plusieurs rangées divergentes de tubercules, semblables à ceux des ambulacres, et, comme eux, ne franchissant pas le bord. Toute la partie supérieure du test est marquée des stries longitudinales qui caractérisent les *Codiopsis ;* on y retrouve aussi la trace de quelques mamelons.

Le périprocte, placé au milieu de l'appareil apical, est assez grand et presque rond.

Rapports et différences. — Le *Codiopsis disculus* est bien moins élevé que le *C. doma ;* il est plus large de la base, moins renflé au pourtour, et le bord est plus tranchant. Il est beaucoup moins pentagonal que le *C. Aïssa,* que nous avons décrit précédemment ; l'appareil apical est différent ; ces deux espèces ne sauraient être confondues. Malgré l'insuffisance de nos matériaux, il nous a semblé que ce type est bien distinct de tous ceux qui sont connus, et qu'il ne peut être rattaché spécifiquement à aucun d'entre eux.

LOCALITÉ. — Nos deux exemplaires ont été recueillis par l'un de nous au Kef-Matrek. Dordonien inférieur, zone à *Heterolampas Maresi.*

Collection Peron.

Explication des Figures. — Pl. XIX, fig. 11, *Codiopsis disculus*, de la coll. de M. Peron, vu de profil ; fig. 12, face sup.

Goniopygus Agha, Peron et Gauthier, 1881.

Pl. XX, fig. 1-5.

Diamètre, 13 mill.   Diam. du péristome, 6 mill.

Nous décrivons ici un exemplaire unique et écrasé, dont les parties conservées nous ont paru mériter l'attention. La forme est subcirculaire ; la hauteur devait être médiocre, mais il nous est impossible de l'évaluer exactement. La face inférieure est concave, et, d'ailleurs, occupée en partie par le péristome.

Appareil apical assez remarquable ; il est peu développé pour le genre. Les cinq plaques génitales sont à peu près triangulaires. Toutes portent au milieu deux ou trois petites impressions, dont une, plus grande que les autres, forme une sorte de petit trou arrondi et assez profond relativement. Le pore oviducal est placé, comme toujours dans les *Goniopygus*, à l'extrémité aiguë de la plaque génitale, qui le cache presque. Les plaques ocellaires, moins allongées que les autres, s'intercalent entre les angles ; elles sont marquées d'une impression également centrale et en forme de petit trou. Entre toutes les plaques, se trouvent d'autres impressions plus ou moins allongées qui accompagnent et ornent la suture. Périprocte subarrondi. Les plaques génitales qui le bordent semblent porter, pour la plupart, un petit granule sur la face interne ; mais il nous a été impossible de les compter exactement.

Zones porifères droites, composées de paires de pores simples et directement superposées, déviant à peine près du péristome. Aires ambulacraires assez larges, garnies de deux rangées de tubercules de taille médiocre, diminuant à la partie supérieure, au nombre de douze environ par série. Les deux rangées ne laissent entre elles qu'un espace étroit, où l'on distingue quelques granules.

Aires interambulacraires assez larges, portant deux rangées de tubercules un peu plus gros que ceux des aires ambulacraires, incrénelés et imperforés, au nombre de dix environ. La zone miliaire, peu développée; porte quelques granules qui montent assez haut.

Péristome grand, dans une légère dépression de la face inférieure, entouré de dix entailles bien distinctes. Les lèvres interambulacraires sont les plus grandes.

Rapports et différences. — A défaut des détails de forme qui nous manquent, nous pouvons comparer l'appareil du *Goniopygus Agha* à celui des espèces connues. Les impressions qui couvrent les plaques et les sutures lui donnent un caractère particulier qui permet de le distinguer de ses congénères. On peut le comparer, sous ce rapport, au *G. impressus* que nous avons décrit dans l'étage cénomanien. Les impressions médianes sont plus nombreuses et plus profondes dans le *G. Agha,* les suturales autrement disposées ; la partie inférieure du test est plus concave et la forme devait être plus large et moins élevée. On ne saurait rapprocher notre espèce du *G. Heberti* Cotteau. dont les impressions apicales sont toutes différentes et les tubercules moins nombreux. Malgré l'insuffisance de nos matériaux, nous croyons donc notre type bien distinct spécifiquement.

Localité. — Kef-Matrek, au sud de Medjès. Dordonien inférieur, zone à *Heterolampas Maresi.* — Très rare.

Collection Peron.

Explication des Figures. — Pl. XX, fig. 1, *Goniopygus Agha,* de la coll. de M. Peron, face sup. ; fig. 2, face inf. ; fig. 3, appareil grossi ; fig. 4, ambulacre grossi ; fig. 5, intrambulacre grossi.

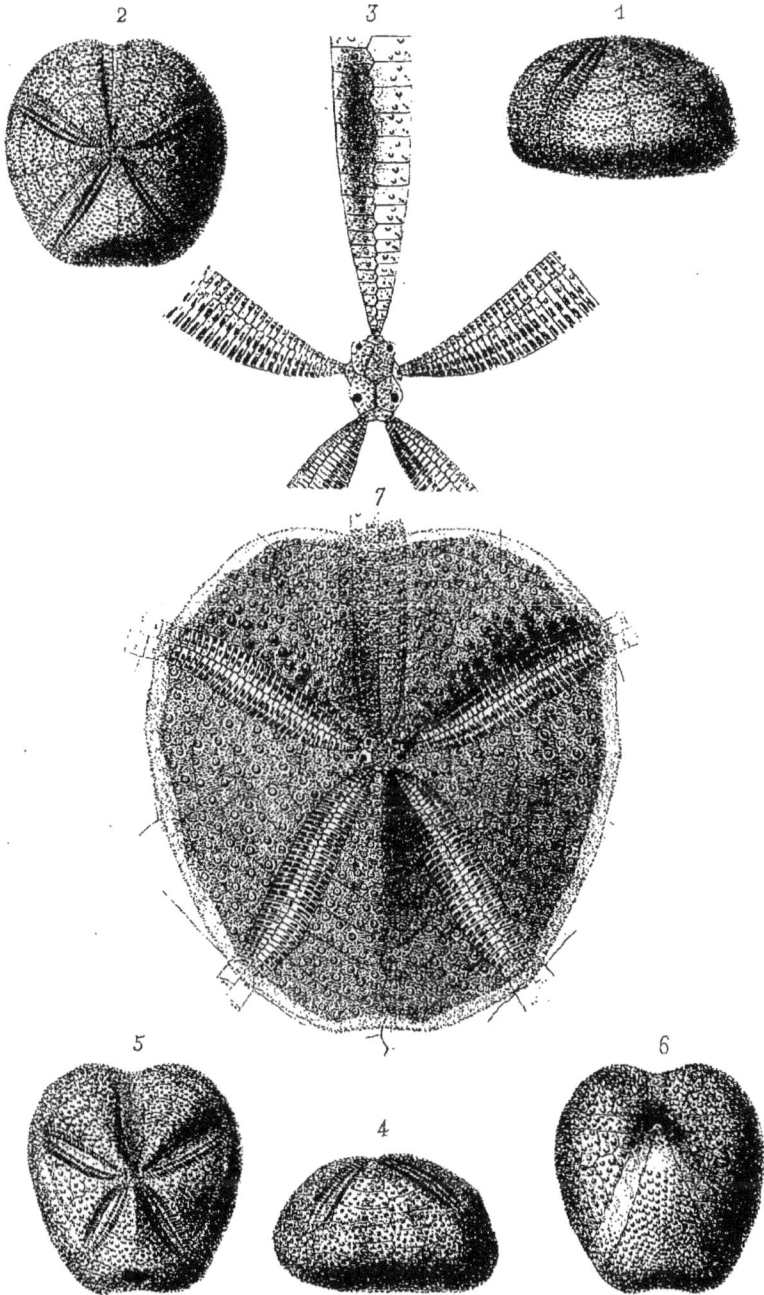

2
3
1

7

5
4
6

1 _ 3. *Holaster Julliani*, Peron et Gauthier.
4 _ 7. *Hemiaster asperatus*, _ _ _ _ _ _

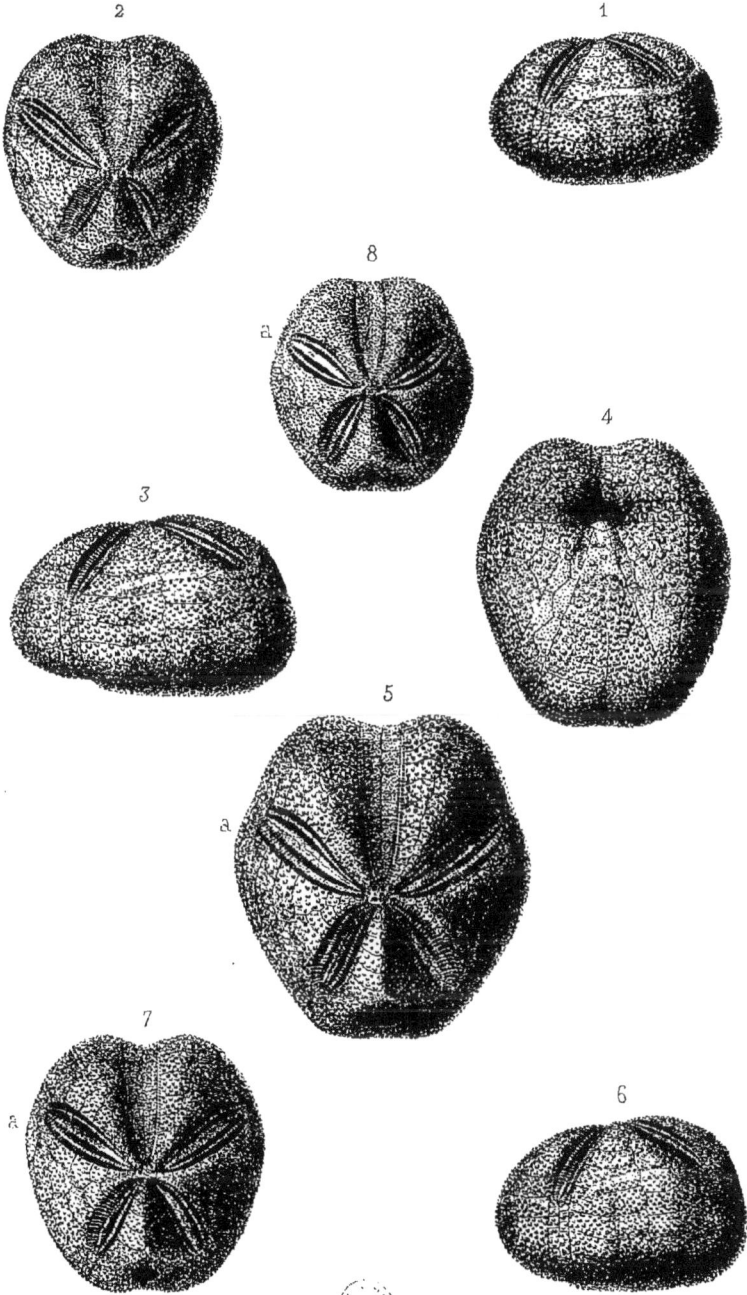

2

1

8

3

4

5

7

6

Humbert lith.   Imp.Becquet.Paris.

Hemiaster Fourneli, Deshayes.

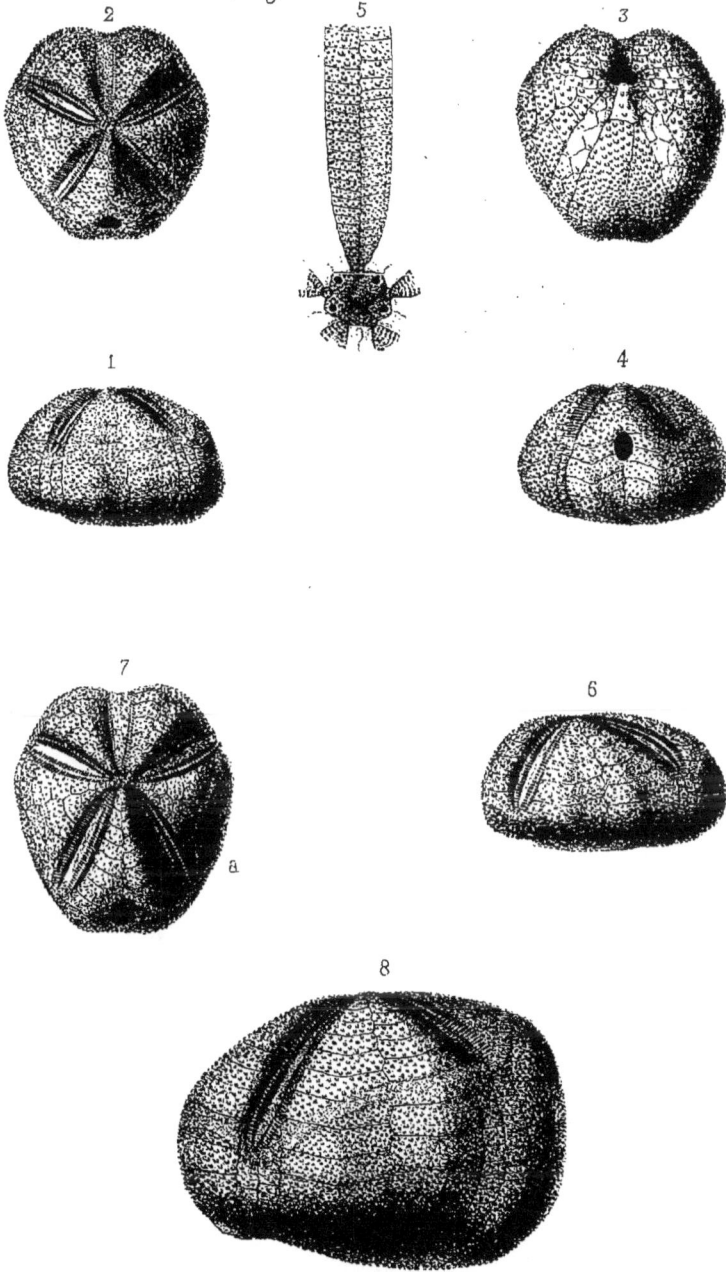

Humbert lith.   Imp. Becquet, Paris.

1 _ 5. *Hemiaster ksabensis,* Peron et Gauthier.
6 _ 7. H. ———— *bibansensis,* ———— — ————
8. H. ———— *Thomasi,* ———— . —— ————

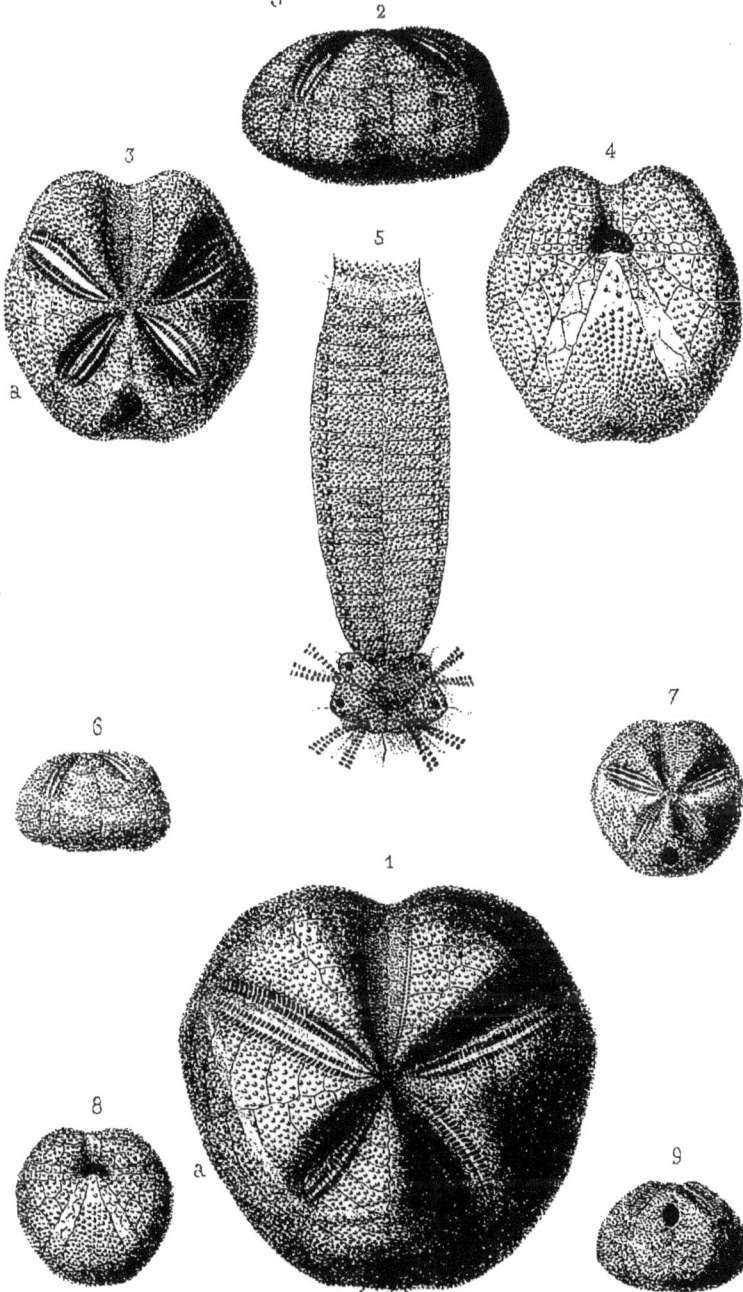

Humbert lith.   Imp. Becquet. Paris.

1. Hemiaster Thomasi, Peron et Gauthier.
2 – 5. H. — —— Messai, ——— ——— ——
6 – 9. Linthia Durandi, ——— ——— ——

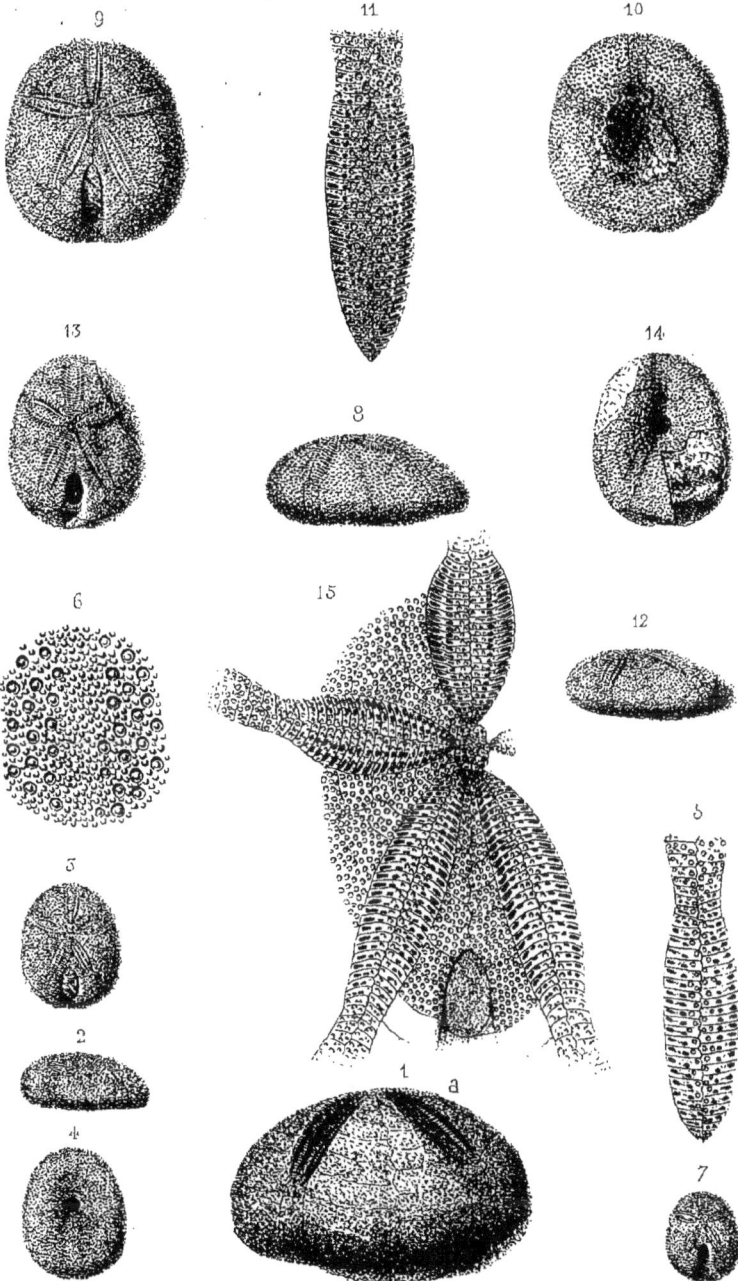

Humbert lith.   Imp. Becquet. Paris.

1. *Linthia Durandi*, Peron et Gauthier.

2—7. *Echinobrissus pseudominimus*, Peron et Gauthier.

8—11. *E.* _____ _fossula_, Peron et Gauthier.

12—15. *E.* _____ _inæquifles_, _____

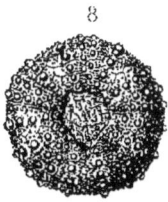

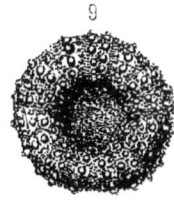

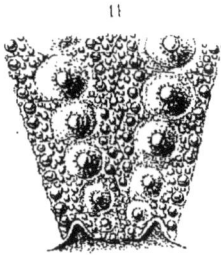

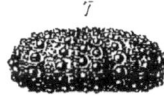

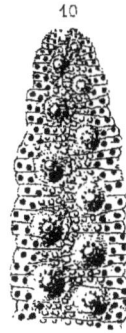

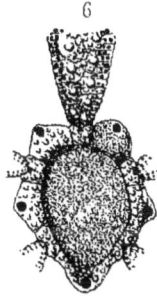

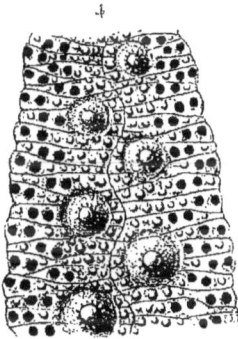

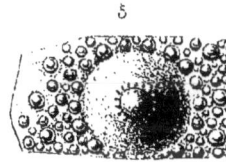

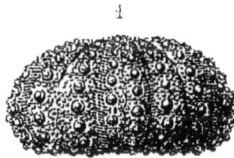

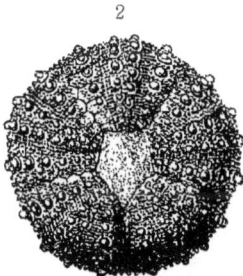

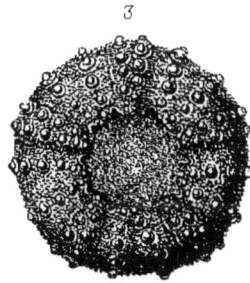

1_6. *Cyphosoma joukanense*, Peron et Gauthier.
7_11. C. _____ subasperum, _____ _____

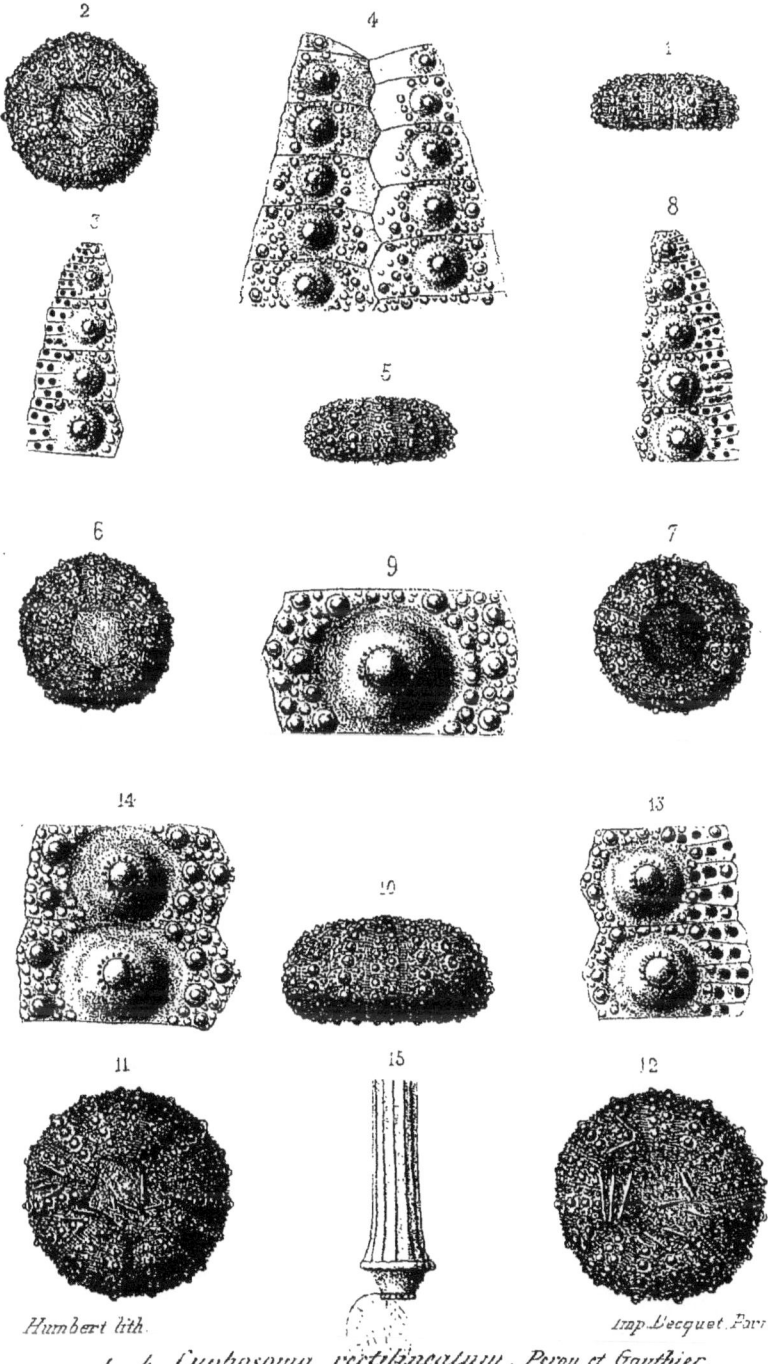

Humbert lith.   imp. Becquet. Paris.

1–4. *Cyphosoma rectilineatum*, Peron et Gauthier.

3–9. *C.* —————— *tamarinense* ————— ————

10.13. *C.* —————— *Mansour*, ————— ————

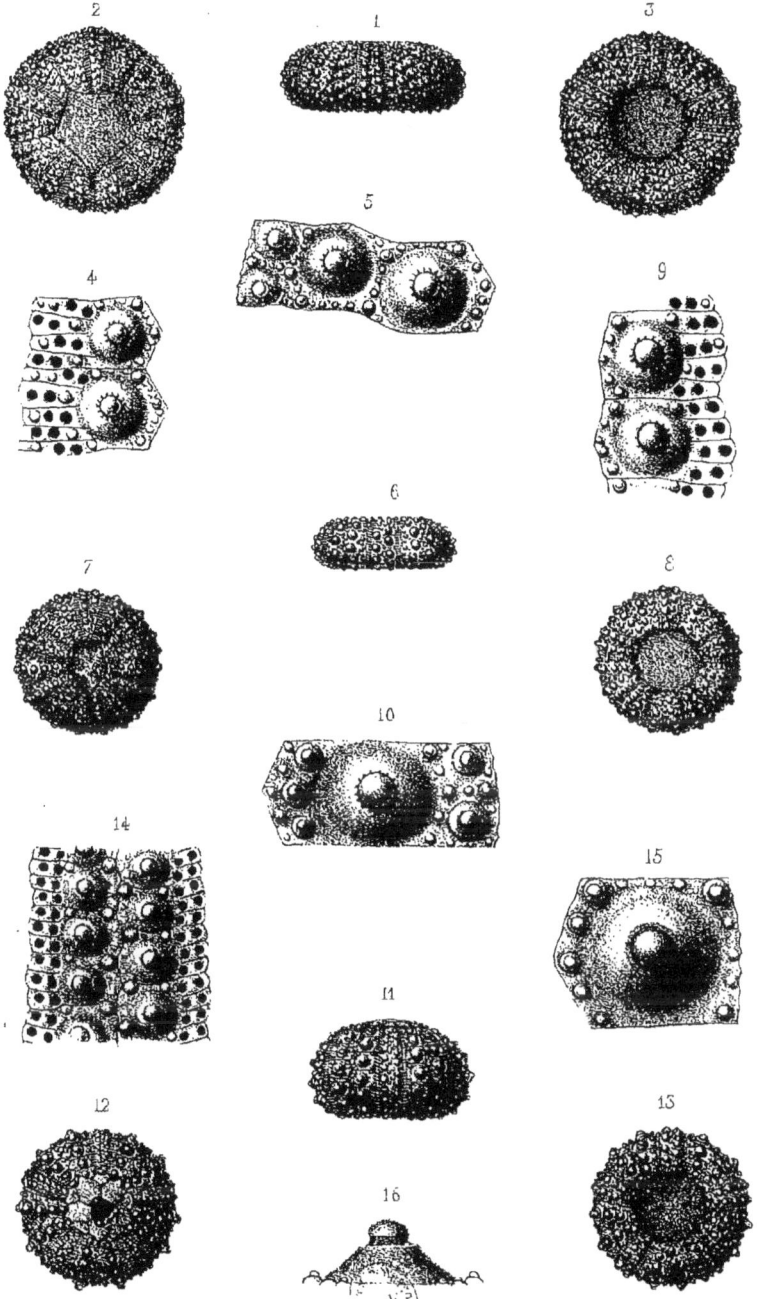

imp. Becquet, Paris.

1 _ 5. Cyphosoma Meslei, Peron et Gauthier.
6 _ 10. C. _____ Meciel, _____
11 _ 16. Goniopygus Durandi, _____

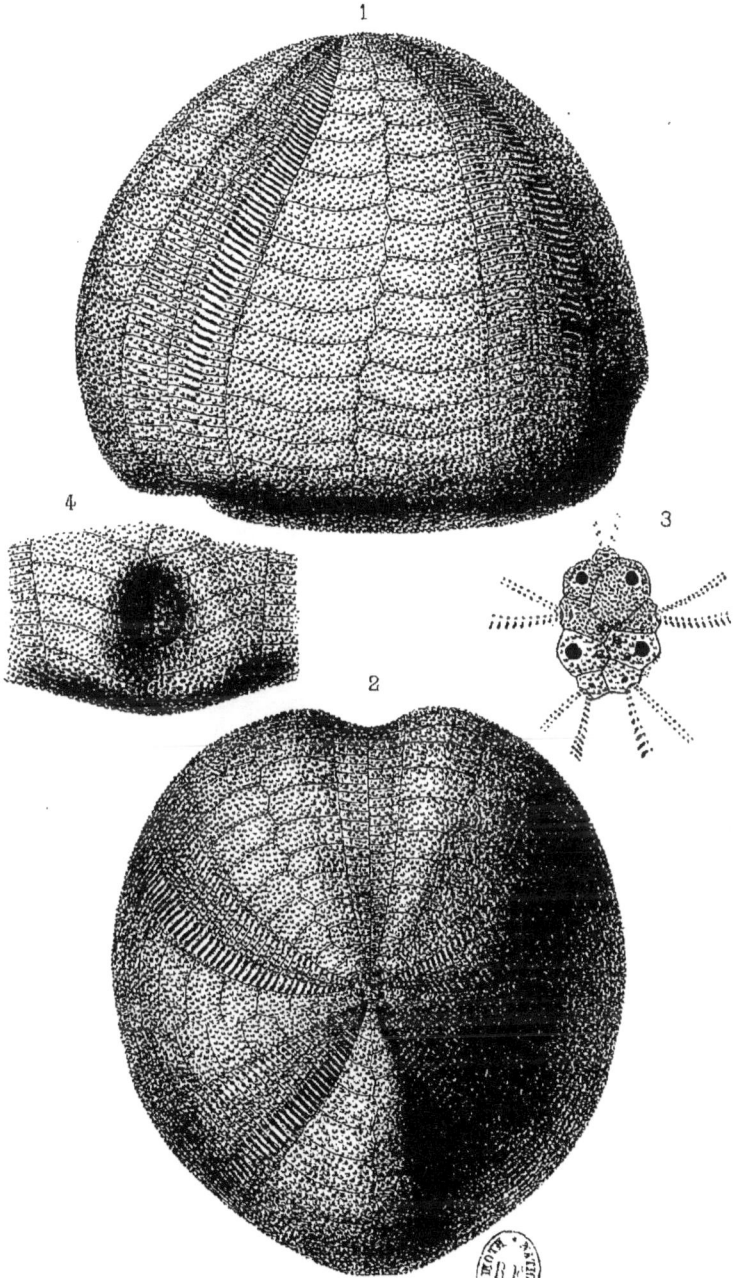

Imp Becquet, Paris

Hemipneustes africanus, Bayle.

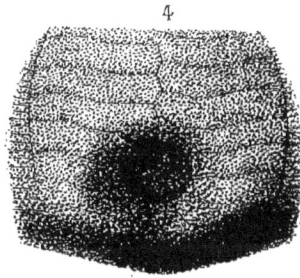

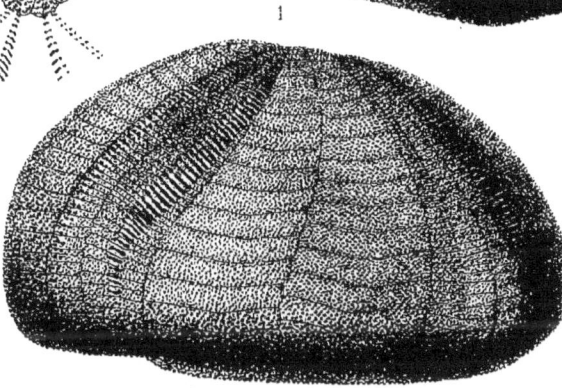

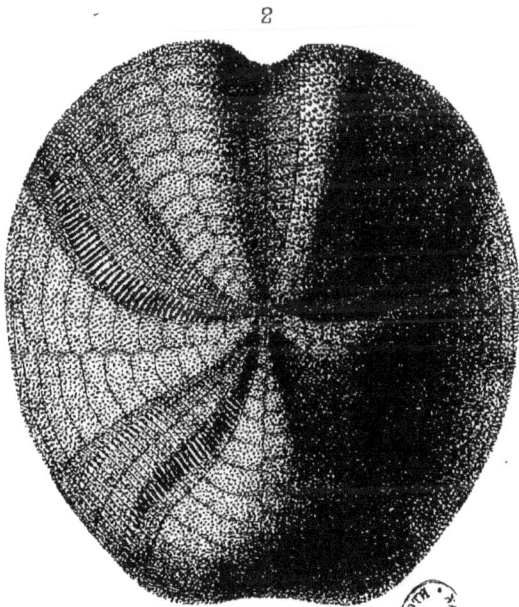

3

4

1

2

Humbert lith.

Imp. Becquet, Paris.

Hemipneustes Delettrei, Coquand.

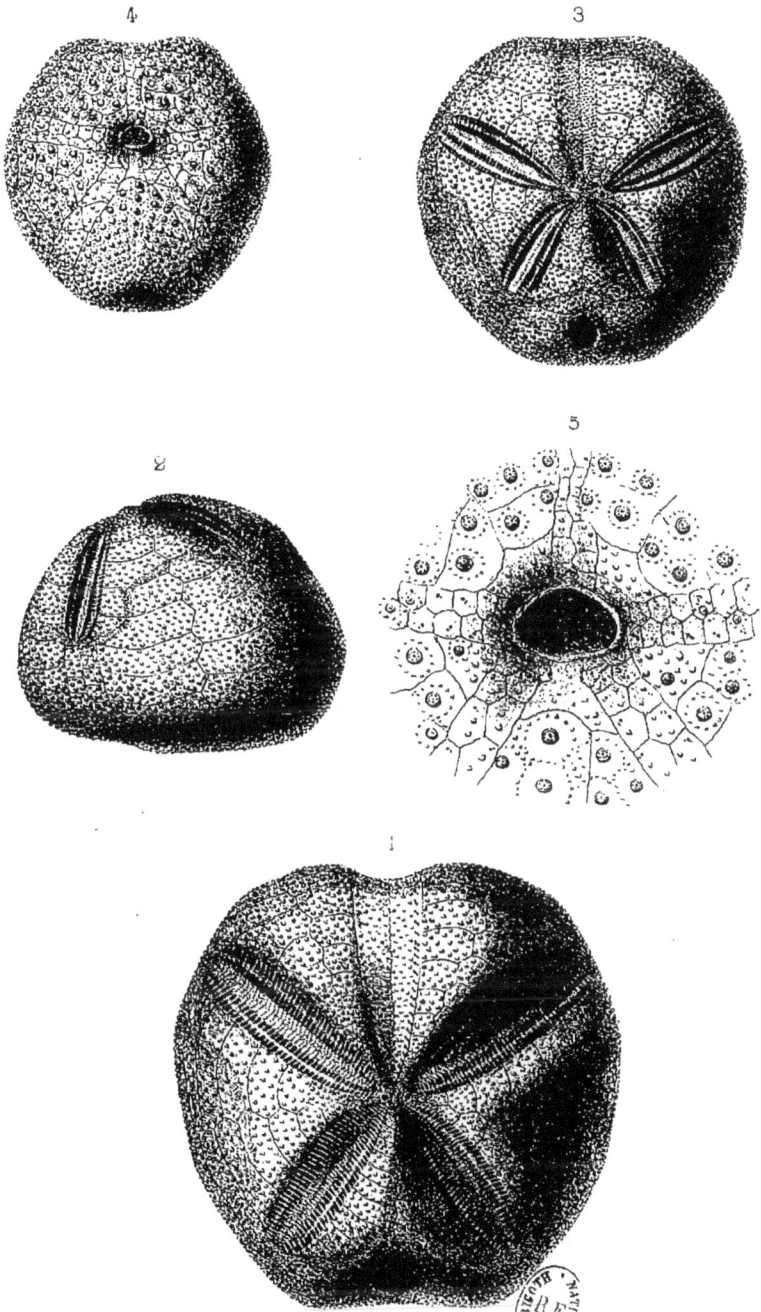

4

3

8

5

1

Humbert lith.

Imp Becquet, Paris

1. Hemiaster superbissimus, Coquand.

2-5. Hemiaster Brossardi, Coquand.

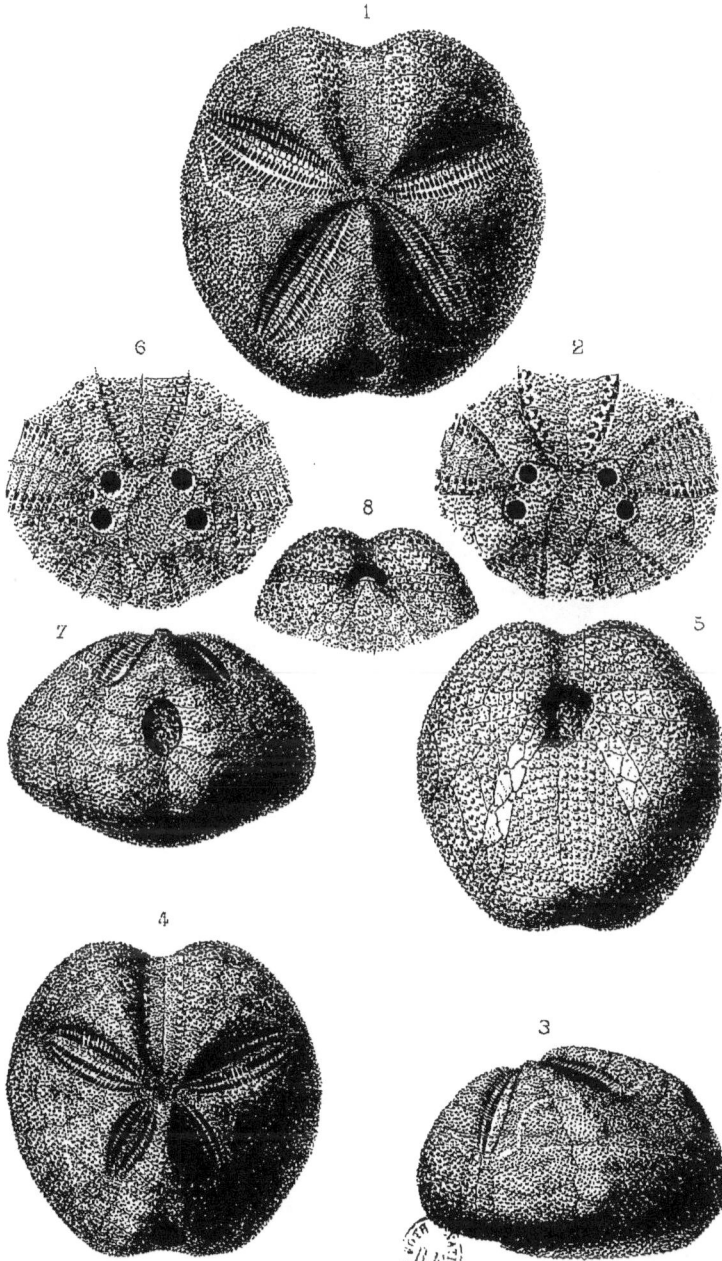

1 _ 2. *Hemiaster medjesensis. Peron et Gauthier.*

3 . 8. *Linthia Payeni.*

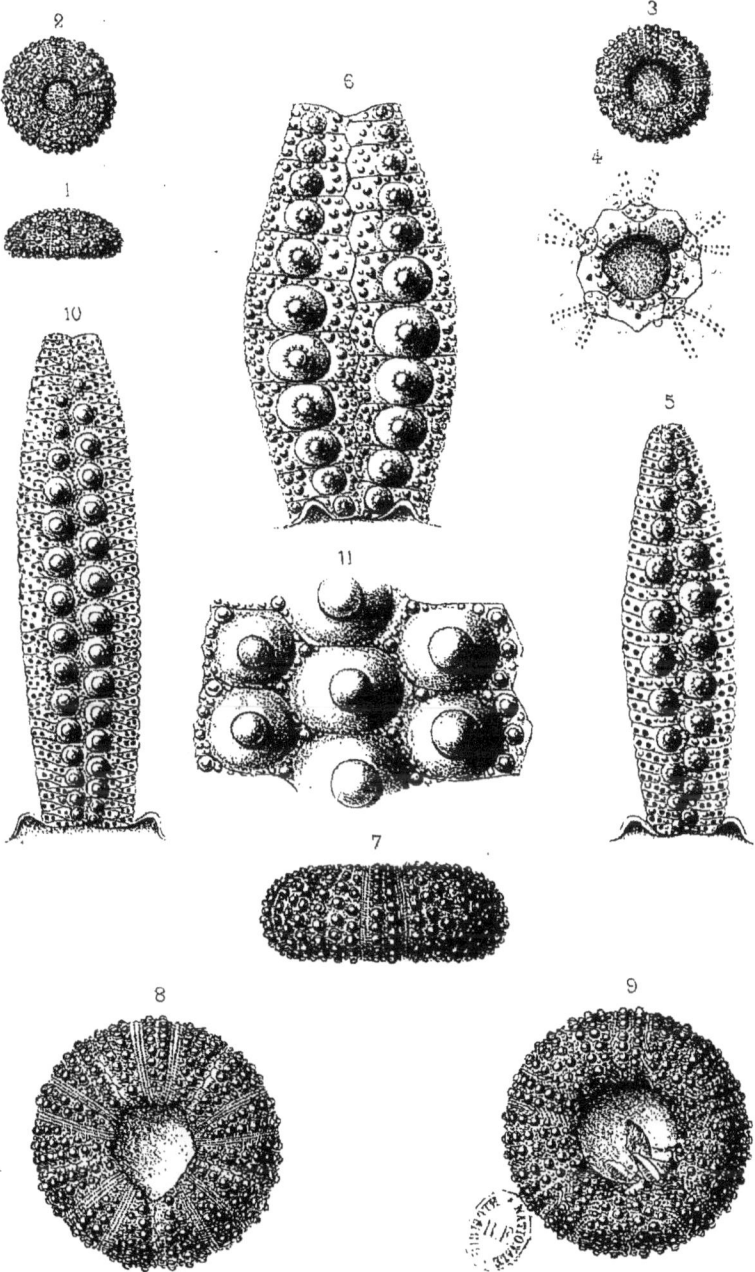

Imp. Becquet, Paris

1‒6. *Cyphosoma Ioudi*, Peron et Gauthier.

7‒11. *Leiosoma Selim*.

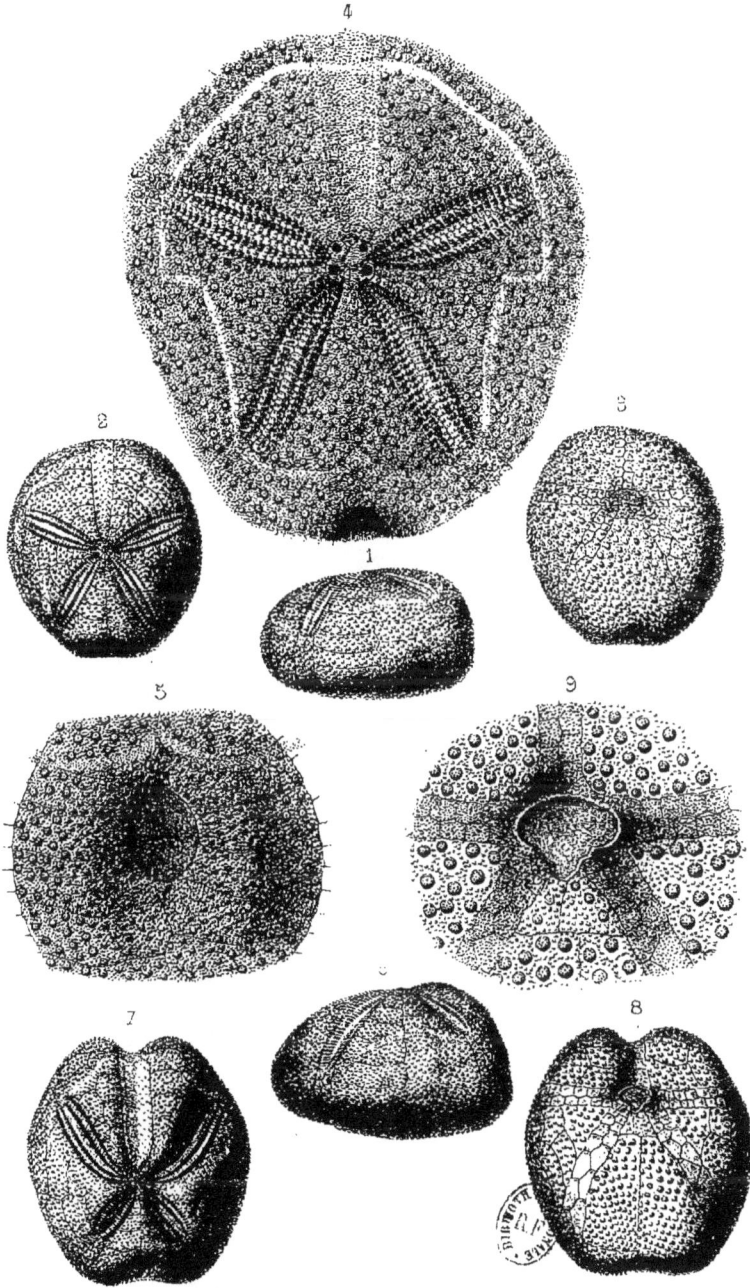

Imp. Becquet, Paris

1_5. *Hemiaster mirabilis.* Peron. et Gauthier.

6_9. H. ___ Brahim. _ . _ _ _

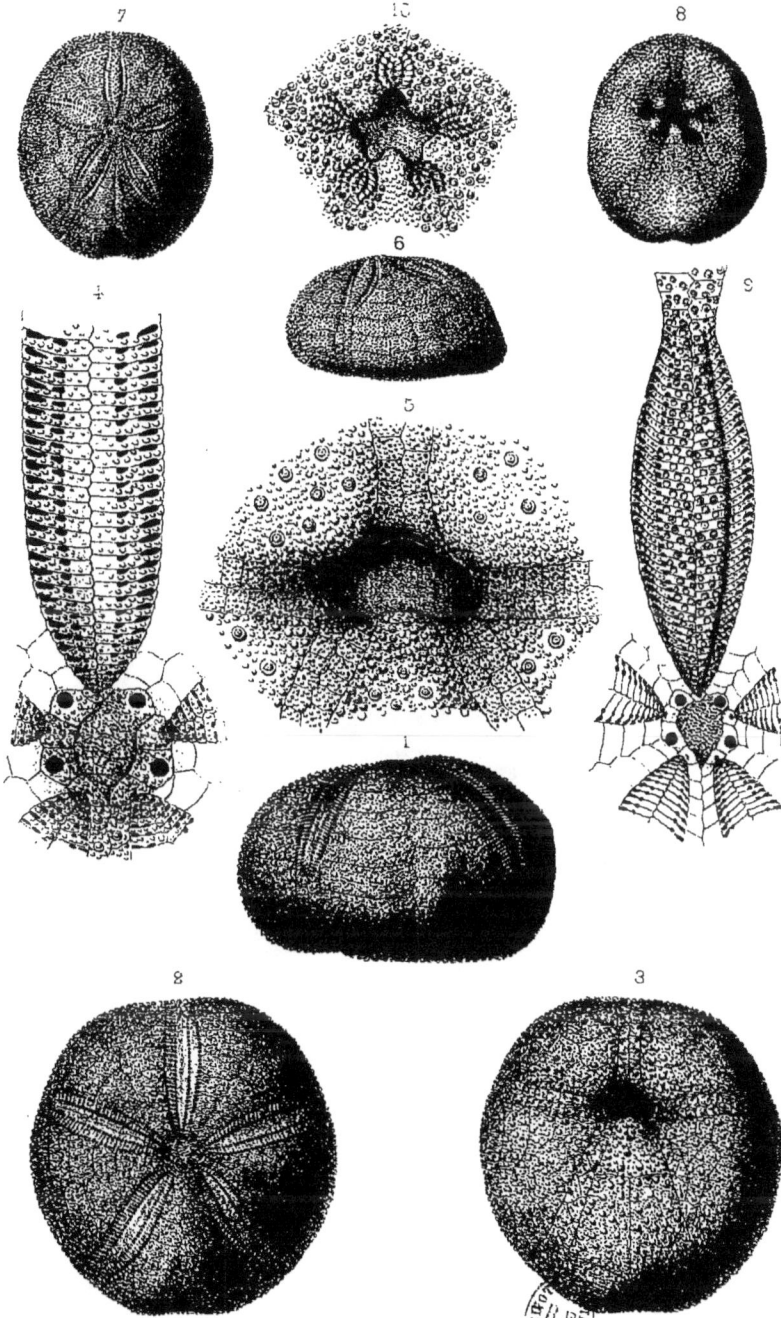

Imp Becquet, Paris.

1 5. *Heterolampas Maresi, Cotteau.*

6 10. *Echinobrissus sitifensis, Coquand.*

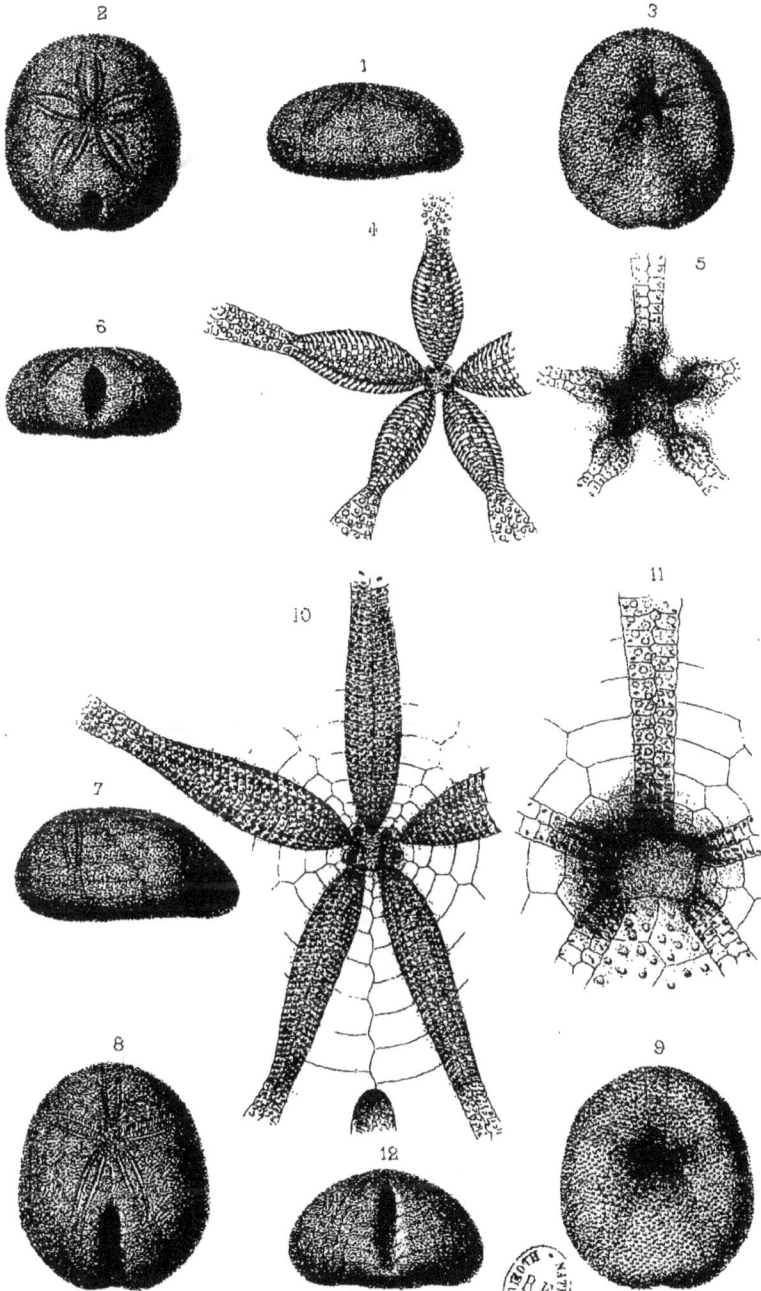

1_6. *Echinobrissus subsitifensis*, Peron et Gauthier.

7 12._   Meslei.,

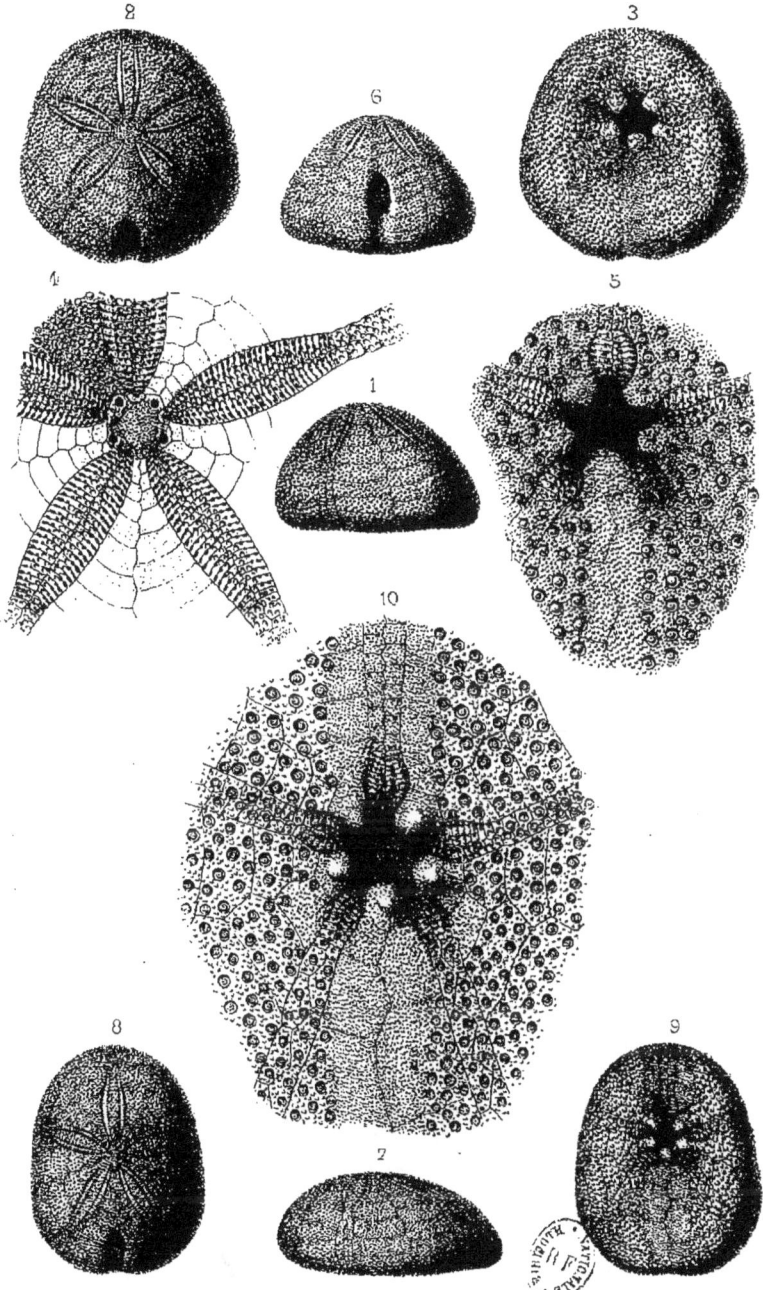

1 _ 6. *Echinobrissus pyramidalis,* Peron et Gauthier.

7 _ 10. *Cassidulus linguiformis.*

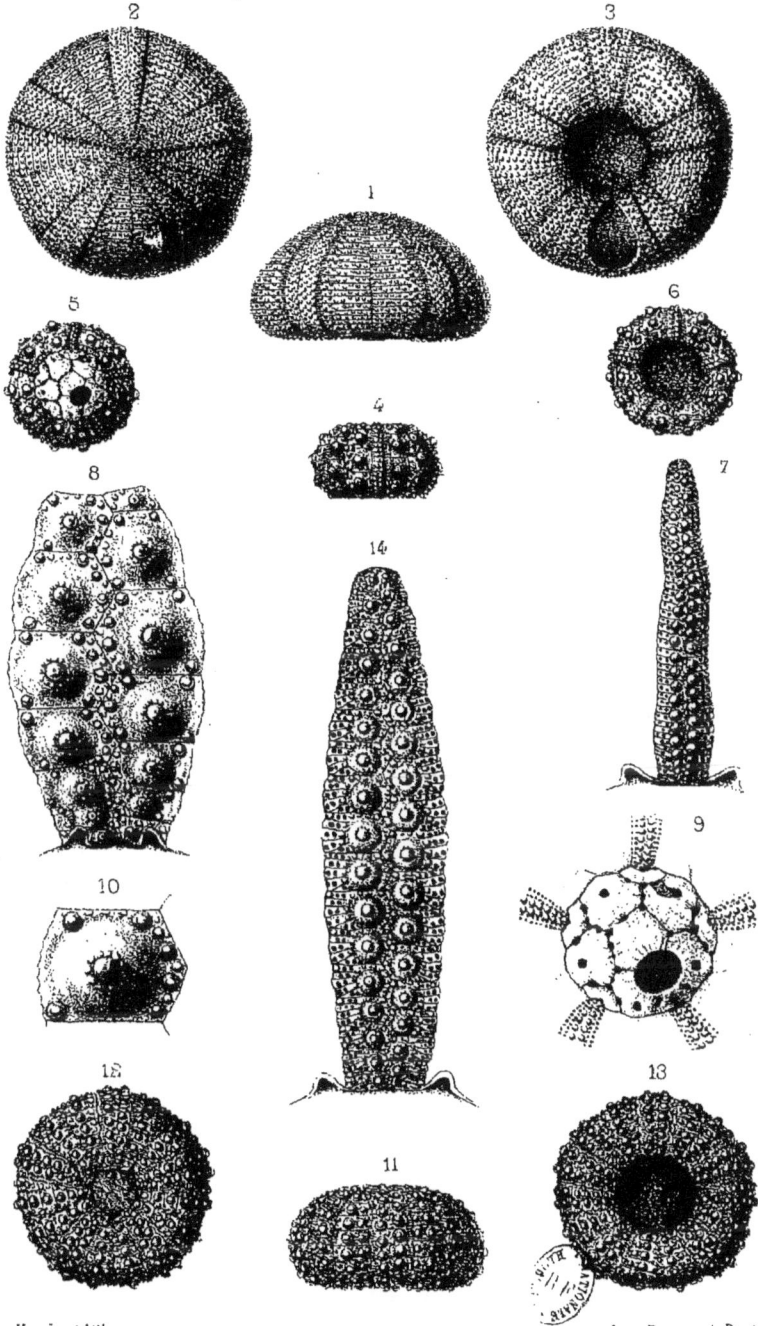

1_3. *Holectypus subcrassus*, Peron el Gauthier.

4_10. *Salenia nutrix*, _____

11_14. *Cyphosoma Mahdid*, _____

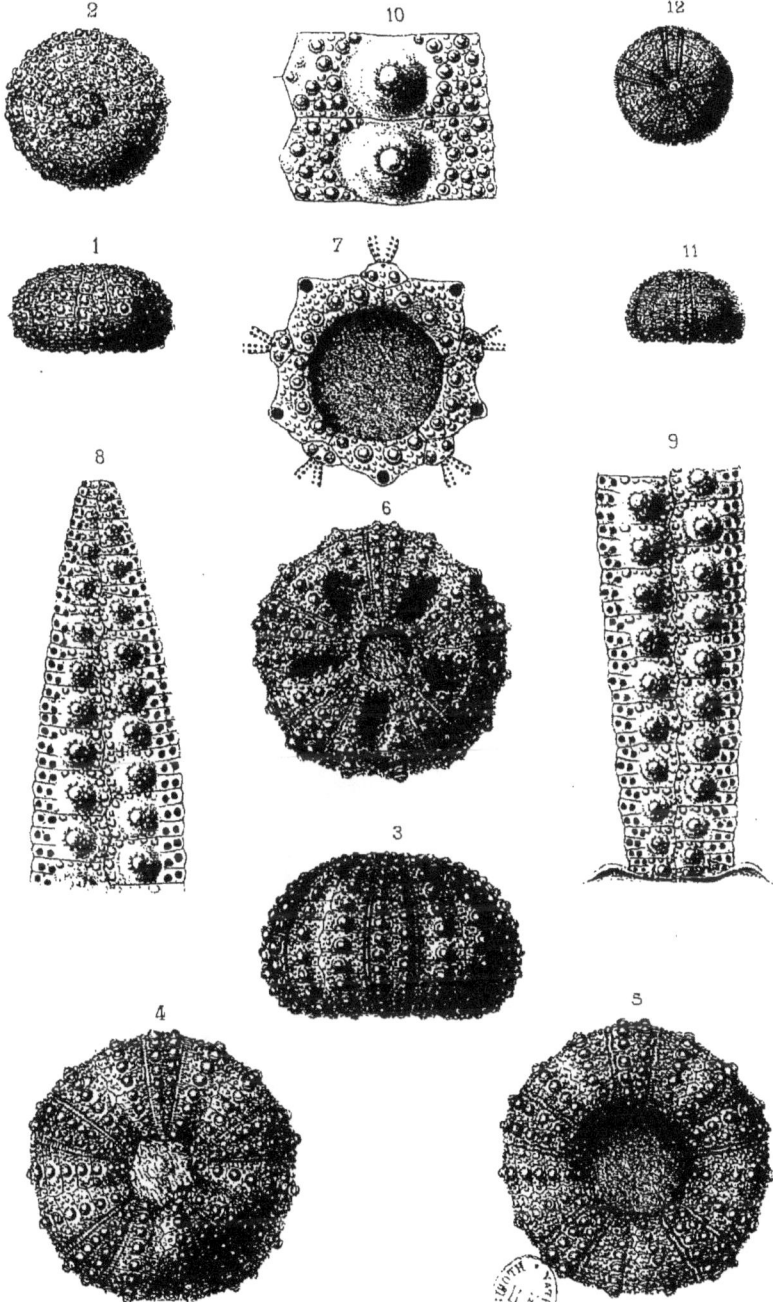

Humbert lith.   Imp.Becquet, Paris

1_2. *Cyphosoma solitarium*, Peron et Gauthier

3_10. _____ Saïd, __ _ __ ___

11_12. *Codiopsis disculus*. _ _ __ _

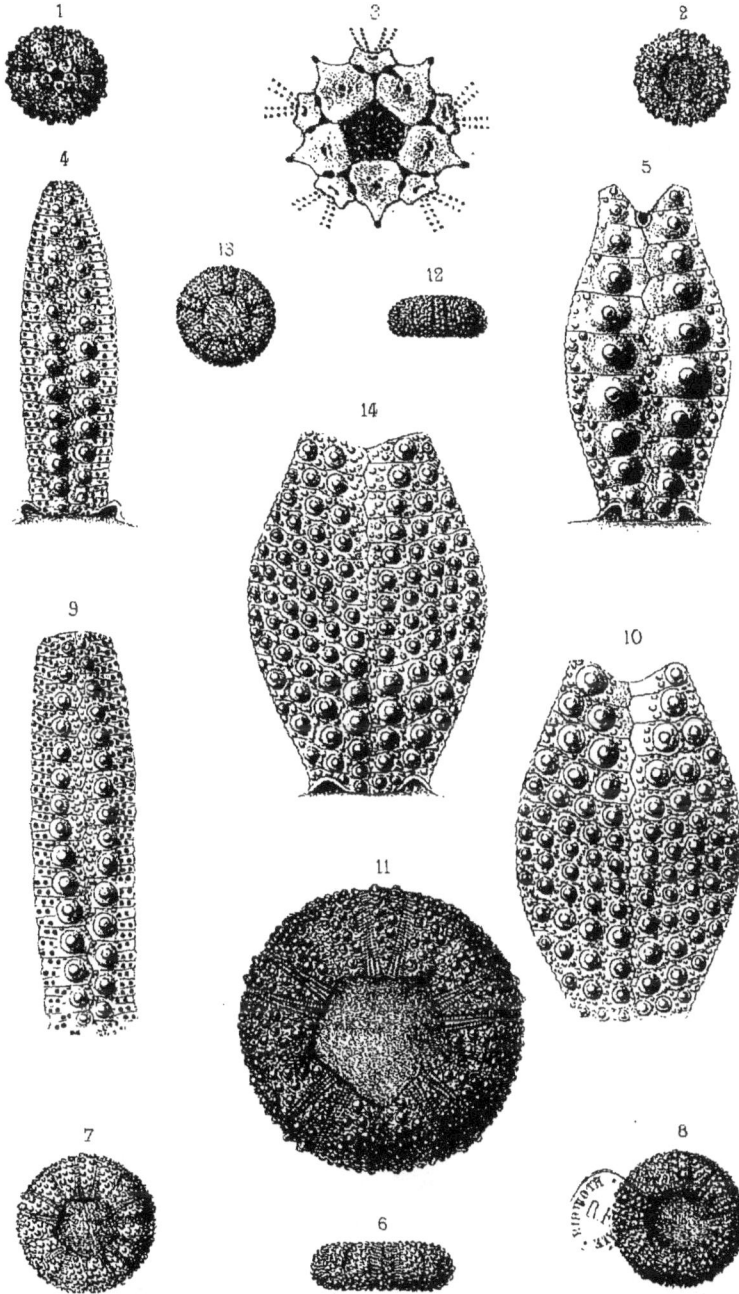

Humbert lith   Imp. Becquet, Paris

1_5. *Goniopygus Agha*,   Peron et Gauthier.

6_11. *Plisiophyma africanum*.

12_14. P. _ _ _ Toucasi. Cotteau.

Cette feuille 13 doit être placée à la fin du huitième fascicule.

RÉSUMÉ GÉNÉRAL

NOTA. — Nous faisons suivre de la lettre E les espèces qui appartiennent également à la faune européenne.

Nous avons décrit, dans cette première partie de notre ouvrage, environ trois cents espèces, recueillies dans les terrains jurassiques et crétacés de l'Algérie. Elles se répartissent ainsi :

Espèces jurassiques, 46, dont 27 européennes.

Collyrites friburgensis E.
— Loryi E.
Dysaster granulosus E.
Pygurus Durandi.
— geryvillensis.
Echinobrissus saharensis.
Holectypus punctulatus E.
— corallinus E.
Galeropygus sp?
Pygaster Gresslyi E.
Cidaris acrolineata.
— platyspina.
— lineata E.
— cervicalis E.
— Blumenbachi E.
— marginata E.
— carinifera E.
— glandifera E.
— millepunctata.
— Canapas.
— Reboudi.
Rhabdocidaris caprimontana E.
— virgata E.

Rhabdocidaris Durandi.
— maxima ? E.
Diplocidaris gigantea E.
— verrucosa.
Hemicidaris Agassizi E.
— crenularis E.
— stramonium E.
— sinzora.
Pseudocidaris subcrenularis
— rupellensis E.
— mammosa E.
— recchigana.
— Durandi.
— Alantas ?
Acrocidaris nobilis E.
Acrosalenia libyca
— incerta.
Pseudodiadema hemisphæricum E.
— planissimum E.
— mamillanum E.
— oranense.
— florescens E.
Glypticus hieroglyphicus E.

Espèces tithoniques, 7, dont 3 européennes.

Metaporhinus convexus E.
Collyrites carinata E.
Infraclypeus thalebensis.
Holectypus afer.

Cidaris læviuscula E.
Rhabdocidaris janitoris.
Magnosia Meslei.

Espèces du néocomien, 29, dont 8 européennes.

Collyrites ovulum E.
— ardua.
Metaporhinus Heinzi.
Echinospatangus cordiformis E.
— subcavatus.
— africanus.
— Villei.
Pygurus eurypneustes.
— impar.
Pygaulus crassus.
Bothriopygus Meslei.
— Trapeti.
Echinobrissus humilis.
— Durandi.
— sebaensis.

Pyrina incisa E.
Echinoconus soubellensis.
Holectypus macropygus E.
Cidaris muricata E.
— Maresi.
— venustior.
Acrosalenia patella E.
— miranda.
Pseudocidaris clunifera E.
Hemicidaris Meslei.
Pseudodiadema anouelense.
Orthopsis Repellini E.
Cyphosoma Heinzi.
Codiopsis Meslei.

Trois de ces espèces, *Pyrina incisa, Holectypus macropygus, Orthopsis Repellini*, se retrouvent à un horizon plus élevé, dans l'étage urgo-aptien.

Espèces de l'urgo-aptien, 20, dont 10 européennes.

Echinospatangus Collegnoi E.
Heteraster oblongus E.
— Tissoti.
— subquadratus.
Epiaster restrictus.
Echinobrissus eddisensis.
Pygaulus numidicus.
Pyrina incisa E.
Holectypus macropygus E.
— portentosus.

Cidaris Lardyi E.
— Jullieni
Salenia prestensis E.
Pseudodiadema Malbosi E.
— porosum.
— pastillus.
Orthopsis Repellini E.
Goniopygus peltatus E.
Codiopsis Nicaisei.
Codechinus rotundus E.

Aucune de ces espèces ne s'élève au-dessus de l'horizon aptien.

Espèces de l'albien, 17, dont 3 européennes.

Holaster (sylvaticus) algirus.
Echinospatangus radula.
Epiaster incisus.
— variosulcatus.
— Thomasi.
— pedicellatus.
Hemiaster numidicus.
— aumalensis.
— densigranum.

Echinobrissus angustior.
Echinoconus tumidus.
Discoidea conica E.
Holectypus Meslei.
Cidaris malum E.
— baculina.
Salenia Peroni.
Pseudodiadema variolare E.

Quatre de ces espèces se retrouvent dans l'étage cénomanien, *Holaster algirus, Hemiaster aumalensis, Echinobrissus angustior, Pseudodiadema variolare*.

Espèces du cénomanien, 86, dont 25 européennes.

Cardiaster pustulifer.
Holaster Coquandi.
—   subglobosus E.
—   suborbicularis E.
—   Barrandei.
—   nodulosus E.
—   Toucasi E.
—   algirus.
—   pyriformis (Haydeni).
Epiaster Villei E.
—   maximus.
—   Vatonnei.
—   Henrici.
—   verrucosus.
—   crassior.
Hemiaster Meslei.
—   aumalensis.
—   Nicaisei.
—   Ameliæ.
—   granosus.
—   pseudo-Fourneli.
—   Gabrielis.
—   batnensis.
—   proclivis.
—   setifensis.
—   Jullieni.
—   saadensis.
—   Lorioli.
—   Bourguignati.
—   Heberti.
—   Desvauxi.
—   Chauveneti.
—   Zitteli.
—   hippocastanum.
Pygurus lampas E.
Echinobrissus angustior.
—   rotundus.
—   gibbosus.
—   Gemellaroi.
Phyllobrissus floridus.
Archiacia sandalina E.
—   saadensis.
Pyrina tunisiensis.

Pyrina crucifera.
Echinoconus castanea E.
—   Thomasi.
Discoidea cylindrica E.
—   Forgemolli.
—   subuculus E.
—   Jullieni.
Holectypus excisus E.
—   cenomanensis E.
—   Chauveneti.
Anorthopygus orbicularis E.
Cidaris vesiculosa E.
—   atropha.
—   angulata.
—   cenomanensis E.
Rhabdocidaris Pouyannei
Salenia clavata.
—   Batnensis.
Peltastes acanthoides E.
—   clathratus E.
Goniophorus lunulatus E.
Hemicidaris batnensis.
Pseudodiadema variolare E.
—   algirum.
—   macilentum.
—   concinnum.
—   margaritatum.
Heterodiadema libycum E.
Glyphocyphus radiatus E.
Pedinopsis Desori.
Coptophyma problematicum.
Orthopsis miliaris E.
—   ovata.
Micropedina Cotteaui.
Goniopygus Menardi E.
—   Coquandi.
—   Meslei.
—   Messaoud
—   impressus.
—   conicus.
Codiopsis doma E.
—   Aïssa.
Cottaldia Benettiæ E.

Quatre de ces espèces, comme nous l'avons dit, s'étaient déjà montrées dans l'étage albien. — Une seule, et encore l'exemplaire est-il douteux, le *Goniopygus conicus*, dépasse les limites du cénomanien, et se montre dans le turonien.

Espèces du turonien, 29, dont 5 européennes.

Holaster Desclozeauxi.
— hatnensis.
— Tizigrarina.
Hemiaster africanus.
— oblique-truncatus.
— auressensis.
— Krenchelensis.
— consobrinus.
— latigrunda
— semicavatus.
— Fourneli ?
Linthia oblonga E.
— Verneuili E.
Pyrina Durandi.
Echinoconus carcharias.

Holectypus Jullieni.
— turonensis E.
Cidaris subvesiculosa E.
Rhabdocidaris subvenulosa.
Cyphosoma majus.
— Baylei.
— Coquandi.
— Schlumbergeri.
— pistrinense.
— regale.
— thevestense.
— ambiguum.
— radiatum E.
Goniopygus conicus ?

Cinq de ces espèces se retrouvent dans le sénonien : *Hemiaster latigrunda, Fourneli, Holectypus Jullieni, Cidaris subvesiculosa, Cyphosoma Baylei.*

Espèces du sénonien, 62, dont 6 européennes.

I. — *Sous-étage santonien.* (36 espèces).

Holaster Jullieni.
Micraster Peini.
— incisus.
— brevis E.
Hemiaster Fourneli.
— Messai.
— asperatus.
— bibansensis.
— Ksabensis.
— Thomasi.
Linthia Durandi.
Echinobrissus Julieni.
— pseudominimus.
— trigonopygus.
— fossula.
— inæquiflos.
— sitifensis.
Bothriopygus Coquandi.

Holectypus serialis.
— Jullieni.
Cidaris subvesiculosa E.
Cyphosoma Delamarrei.
— foukanense.
— Baylei.
— Maresi.
— Aublini.
— Archiaci E.
— subasperum.
— rectilineatum.
— tamarinense.
— Mansour.
— Meslei.
— Mecied.
Goniopygus Durandi.
Salenia scutigera E.
Orthopsis miliaris E.

II. — *Sous-étage campanien.* (16 espèces).

Hemipneustes africanus.
— Delettrei.
Hemiaster superbissimus.
— Brossardi.
— Medjesensis.
— Messai.
— Fourneli.
— Ararensis.

Linthia Payeni.
Echinobrissus pyramidalis.
— Julieni
— pseudominimus.
Salenia scutigera E.
Cyphosoma Maresi.
— loudi.
Leiosoma Selim.

III. — *Sous-étage dordonien.* (22 espèces).

Hemiaster mirabilis.
—   Brahim.
—   Fourneli.
Linthia Payeni.
Heterolampas Maresi.
Echinobrissus sitifensis.
•   —   subsitifensis.
—   Meslei.
—   pyramidalis.
Cassidulus linguiformis.
Holectypus subcrassus.

Cidaris subvesiculosa E.
Salenia nutrix.
Orthopsis miliaris E.
Cyphosoma Mahdid.
—   solitarium.
—   Saïd.
—   magnificum? E.
Leiosoma Selim.
Plistophyma africanum.
Codiopsis disculus.
Goniopygus Agha.

Nous n'avons pas compté deux fois les espèces qui se répètent dans les sous-étages sénoniens.

Le total donne rigoureusement 296 espèces, dont 87 européennes. On remarquera combien la proportion de ces dernières diminue dans les deux étages supérieurs, turonien et sénonien. Un autre fait plus étonnant encore, c'est que parmi les 42 espèces appartenant au genre *Hemiaster*, que nous avons eu à décrire, aucune n'a été rencontrée en Europe, sauf un ou deux exemplaires douteux de l'*H. Heberti*, recueillis dans la Calabre.

TABLE ALPHABÉTIQUE DES GENRES ET DES ESPÈCES.

Nota. — Les synonymes sont écrits en italiques.

(1) Nous avons, depuis, acquis la certitude que cette espèce appartient au genre *Hemiaster*. Et e doit être probablement reportée dans le Sénonien.

(1) Nous avons remplacé ce nom par celui de *H. Haydeni.*

ADDENDA.

Nous avons oublié de citer parmi les espèces de l'étage cénomanien :

Pseudodiadema Maresi, Cotteau, 1864, *Paléont. franc.*, terrains crétacés, tome VIII, p. 509, pl. 1124, fig. 1-6.

Cette espèce a été recueillie aux environs de l'oasis de Mograr Tahtania, sur la rive orientale de l'Oued Namous, département d'Oran, avec *Heterodiadema libycum*.

Collection Dastugue.

Fascicule VII, page 57. — Nous avons signalé avec doute la présence du *Micraster brevis* en Algérie. Depuis, des exemplaires parfaitement identiques à ceux qu'on recueille en France, à Rennes-les-Bains, nous ont été envoyés par M. Heinz. Ils ont été recueillis dans les assises santoniennes du Chettabah, près de Constantine.

AUXERRE. — IMPRIMERIE DE GEORGES ROUILLÉ

www.ingramcontent.com/pod-product-compliance
Lightning Source LLC
Chambersburg PA
CBHW071653200326
41519CB00012BA/2500